石油企业岗位练兵手册

拖拉机驾驶员

大庆油田有限责任公司 编

石油工业出版社

内 容 提 要

本书采用问答形式，对拖拉机驾驶员应掌握的知识和技能进行了详细介绍。主要内容可分为基本素养、基础知识、基本技能三部分。基本素养包括企业文化、发展纲要和职业道德等内容，基础知识包括与工种岗位密切相关的专业知识和 HSE 知识等内容，基本技能包括操作技能和常见故障判断处理等内容。本书适合拖拉机驾驶员阅读使用。

图书在版编目（CIP）数据

拖拉机驾驶员 / 大庆油田有限责任公司编 . —北京：石油工业出版社，2023.7

（石油企业岗位练兵手册）

ISBN 978-7-5183-6090-1

Ⅰ.①拖… Ⅱ.①大… Ⅲ.①拖拉机－驾驶员－技术手册 Ⅳ.① S219-62

中国国家版本馆 CIP 数据核字（2023）第 123486 号

出版发行：石油工业出版社
（北京安定门外安华里2区1号楼　100011）
网　　址：www.petropub.com
编辑部：（010）64255590
图书营销中心：（010）64523633
经　　销：全国新华书店
印　　刷：北京中石油彩色印刷有限责任公司

2023 年 7 月第 1 版　2023 年 7 月第 1 次印刷
880×1230 毫米　开本：1/32　印张：3.5
字数：85 千字
定价：36.00 元
（如发现印装质量问题，我社图书营销中心负责调换）
版权所有，翻印必究

《拖拉机驾驶员》编委会

主　　任：陶建文
执行主任：李钟磬
副 主 任：夏克明　梁　浩
委　　员：全海涛　崔　伟　张智博　武　威　王　辉
　　　　　李　馨　陈　磊　姜桂冬　曹红霞　傅殿戈

《拖拉机驾驶员》编审组

孟庆祥	王恒斌	常　城	王　鑫	杨　峰	吕　江
李　建	符江利	刘秀莲	冯　德	赵　阳	于海龙
金宁涛	黄喜荣	贾庆东	吴晓东	宁　威	赵　鑫
全海涛	崔　伟	张智博	武　威

岗位练兵是大庆油田的优良传统,是强化基本功训练、提升员工素质的重要手段。新时期、新形势下,按照全面加强"三基"工作的有关要求,为进一步强化和规范经常性岗位练兵活动,切实提高基层员工队伍的基本素质,按照"实际、实用、实效"的原则,大庆油田有限责任公司人事部组织编写、修订了基层员工《石油企业岗位练兵手册》丛书。围绕提升政治素养和业务技能的要求,本套丛书架构分为基本素养、基础知识、基本技能三部分,基本素养包括企业文化(大庆精神铁人精神、优良传统)、发展纲要和职业道德等内容;基础知识包括与工种岗位密切相关的专业知识和HSE知识等内容;基本技能包括操作技能和常见故障判断处理等内容。本套丛书的编写,严格依据最新行业规范和技术标准,同时充分结合目前专业知识更新、生产设备调整、操作工艺优化等实际情况,具有突出的实用性和规范性的特点,既能作为基层开展岗位练兵,提高业务技能的实用教材，也可以作为员工岗位自学、单位开展技能竞赛的参考资料。

希望各单位积极应用，充分发挥本套丛书的基础性作用，持续、深入地抓好基层全员培训工作，不断提升员工队伍整体素质，为实现公司科学发展提供人力资源保障。同时，希望各单位结合本套丛书的应用实践，对丛书的修改完善提出宝贵意见，以便更好地规范和丰富丛书内容，为基层扎实有效地开展岗位练兵活动提供有力支撑。

大庆油田有限责任公司人事部

2023 年 4 月 28 日

目录

第一部分 基本素养

一、企业文化 ………………………………………… 001

(一) 名词解释 ……………………………………… 001

1. 石油精神 ……………………………………… 001
2. 大庆精神 ……………………………………… 001
3. 铁人精神 ……………………………………… 001
4. 三超精神 ……………………………………… 002
5. 艰苦创业的六个传家宝 ……………………… 002
6. 三要十不 ……………………………………… 002
7. 三老四严 ……………………………………… 002
8. 四个一样 ……………………………………… 002
9. 思想政治工作"两手抓" ……………………… 003
10. 岗位责任制管理 ……………………………… 003

11. 三基工作 …………………………………………… 003
12. 四懂三会 …………………………………………… 003
13. 五条要求 …………………………………………… 004
14. 会战时期"五面红旗" ……………………………… 004
15. 新时期铁人 ………………………………………… 004
16. 大庆新铁人 ………………………………………… 004
17. 新时代履行岗位责任、弘扬严实作风"四条
　　要求" ……………………………………………… 004
18. 新时代履行岗位责任、弘扬严实作风"五项
　　措施" ……………………………………………… 004

(二) 问答 ……………………………………………… 004
1. 简述大庆油田名称的由来。……………………… 004
2. 中共中央何时批准大庆石油会战？……………… 004
3. 什么是"两论"起家？……………………………… 005
4. 什么是"两分法"前进？…………………………… 005
5. 简述会战时期"五面红旗"及其具体事迹。……… 005
6. 大庆油田投产的第一口油井和试注成功的第一口
　　水井各是什么？…………………………………… 006
7. 大庆石油会战时期讲的"三股气"是指什么？…… 006
8. 什么是"九热一冷"工作法？……………………… 006
9. 什么是"三一""四到""五报"交接班法？………… 006
10. 大庆油田原油年产 5000 万吨以上持续稳产的时间
　　　是哪年？………………………………………… 006
11. 大庆油田原油年产 4000 万吨以上持续稳产的时间
　　　是哪年？………………………………………… 007

12. 中国石油天然气集团有限公司企业精神是什么? ……… 007
13. 中国石油天然气集团有限公司的主营业务是什么? ……… 007
14. 中国石油天然气集团有限公司的企业愿景和价值追求分别是什么? ……… 007
15. 中国石油天然气集团有限公司的人才发展理念是什么? ……… 007
16. 中国石油天然气集团有限公司的质量安全环保理念是什么? ……… 007
17. 中国石油天然气集团有限公司的依法合规理念是什么? ……… 008

二、发展纲要 ……… 008

(一) 名词解释 ……… 008

1. 三个构建 ……… 008
2. 一个加快 ……… 008
3. 抓好"三件大事" ……… 008
4. 谱写"四个新篇" ……… 008
5. 统筹"五大业务" ……… 008
6. "十四五"发展目标 ……… 008
7. 高质量发展重要保障 ……… 008

(二) 问答 ……… 009

1. 习近平总书记致大庆油田发现60周年贺信的内容是什么? ……… 009

2. 当好标杆旗帜、建设百年油田的含义是什么？……… 009
3. 大庆油田60多年的开发建设取得的辉煌历史有
   哪些？ ……………………………………………… 010
4. 开启建设百年油田新征程两个阶段的总体规划
   是什么？ …………………………………………… 010
5. 大庆油田"十四五"发展总体思路是什么？……… 010
6. 大庆油田"十四五"发展基本原则是什么？………011
7. 中国共产党第二十次全国代表大会会议主题
   是什么？ ……………………………………………011
8. 在中国共产党第二十次全国代表大会上的报告中，
   中国共产党的中心任务是什么？ …………………011
9. 在中国共产党第二十次全国代表大会上的报告中，
   中国式现代化的含义是什么？ ……………………011
10. 在中国共产党第二十次全国代表大会上的报告中，
    两步走是什么？ …………………………………… 012
11. 在中国共产党第二十次全国代表大会上的报告中，
    "三个务必"是什么？ ……………………………… 012
12. 在中国共产党第二十次全国代表大会上的报告中，
    牢牢把握的"五个重大原则"是什么？ ………… 012
13. 在中国共产党第二十次全国代表大会上的报告中，
    十年来，对党和人民事业具有重大现实意义和深
    远意义的三件大事是什么？ ……………………… 012
14. 在中国共产党第二十次全国代表大会上的报告中，
    坚持"五个必由之路"的内容是什么？ ………… 012

三、职业道德 013

（一）名词解释 013

1. 道德 013
2. 职业道德 013
3. 爱岗敬业 013
4. 诚实守信 013
5. 劳动纪律 013
6. 团结互助 013

（二）问答 014

1. 社会主义精神文明建设的根本任务是什么？ 014
2. 我国社会主义道德建设的基本要求是什么？ 014
3. 为什么要遵守职业道德？ 014
4. 爱岗敬业的基本要求是什么？ 014
5. 诚实守信的基本要求是什么？ 014
6. 职业纪律的重要性是什么？ 015
7. 合作的重要性是什么？ 015
8. 奉献的重要性是什么？ 015
9. 奉献的基本要求是什么？ 015
10. 企业员工应具备的职业素养是什么？ 015
11. 培养"四有"职工队伍的主要内容是什么？ 015
12. 如何做到团结互助？ 015
13. 职业道德行为养成的途径和方法是什么？ 016
14. 员工违规行为处理工作应当坚持的原则是什么？ ...016
15. 对员工的奖励包括哪几种？ 016
16. 员工违规行为处理的方式包括哪几种？ 016

17.《中国石油天然气集团公司反违章禁令》有哪些规定? ································ 016

第二部分　基础知识

一、专业知识 ·· 018

（一）名词解释 ·· 018

 1. 排量 ·· 018

 2. 制动侧滑 ·· 018

 3. 操纵稳定性 ·· 018

 4. 牵引力 ·· 018

 5. 液压传动 ·· 018

 6. 转向轮定位 ·· 018

 7. 转向半径 ·· 018

 8. 负荷特性 ·· 018

 9. 搭载设备（附属物） ································· 019

 10. 轴距 ··· 019

 11. 拖拉机制动性 ······································· 019

 12. 接近角 ··· 019

 13. 离去角 ··· 019

 14. 压缩比 ··· 019

 15. 轮距 ··· 019

 16. 工作循环 ··· 019

17. 充气量 ………………………………………… 019
18. 定期维护 ……………………………………… 019
19. 制动拖滞 ……………………………………… 019
20. 制动效能 ……………………………………… 019
21. 前轮定位 ……………………………………… 019

(二) 问答 ………………………………………………… 020
1. 拖拉机起步的注意事项有哪些？ ……………… 020
2. 拖拉机发动机的启动方法是什么？ …………… 020
3. 拖拉机仪表观察步骤是什么？ ………………… 021
4. 拖拉机换挡的方法是什么？ …………………… 021
5. 拖拉机操纵方向盘时的注意事项有哪些？ …… 021
6. 拖拉机操纵离合器的技术要点有哪些？ ……… 022
7. 拖拉机转向时的注意事项有哪些？ …………… 023
8. 拖拉机会车时的技术要点有哪些？ …………… 023
9. 拖拉机超车的技术要点有哪些？ ……………… 024
10. 哪些情况下同车道行驶的机动车不得超车？ …… 024
11. 拖拉机倒车的技术要点有哪些？ ……………… 024
12. 拖拉机道路运输的驾驶技术要点有哪些？ …… 024
13. 拖拉机市区道路驾驶操作的注意事项有哪些？ … 025
14. 拖拉机通过铁路、桥梁、隧道驾驶操作的注意事项
    有哪些？ ……………………………………… 025
15. 拖拉机通过渡口驾驶操作的注意事项有哪些？ … 026
16. 拖拉机涉水操作的注意事项有哪些？ ………… 026
17. 拖拉机在泥泞、沼泽路上驾驶的注意事项
    有哪些？ ……………………………………… 027

18. 车陷泥坑的自救方法是什么？ …………………… 028
19. 拖拉机液压系统油泵的功能是什么？ …………… 028
20. 拖拉机夜间道路驾驶的注意事项有哪些？ ……… 028
21. 拖拉机雨天驾驶操作的注意事项有哪些？ ……… 029
22. 拖拉机雾天驾驶操作的注意事项有哪些？ ……… 029
23. 拖拉机冬季驾驶的注意事项有哪些？ …………… 029
24. 拖拉机酷暑天气的驾驶注意事项有哪些？ ……… 030
25. 拖拉机作业时，哪些情况必须立即停机？ ……… 030
26. 拖拉机前轮摆动的主要原因有哪些？ …………… 031
27. 拖拉机上、下坡时应注意哪些？ ………………… 031
28. 拖拉机在道路上发生故障，需要停车排除故障时，驾驶员应当怎么做？ ……………………………… 031
29. 拖拉机鸣笛的含义有哪些？ ……………………… 031
30. 夜间行车遇见对向车辆开远光灯，怎样提醒？ … 032
31. 出入视野盲区需要注意什么？ …………………… 032
32. 危险报警闪光灯使用的注意事项有哪些？ ……… 032
33. 制动跑偏的原因有哪些？ ………………………… 033
34. 发动机过热的危害是什么？ ……………………… 033
35. 发动机活塞环磨损后对发动机性能有何影响？ … 033
36. 喷油泵供油时间过早或过晚对发动机有何危害？ …………………………………………………… 033
37. 低温环境下对拖拉机的使用有什么影响？ ……… 033
38. 低温天气下行车的技术保障措施有哪些？ ……… 034
39. 拖拉机长时间存放应怎样保管？ ………………… 034

二、HSE 知识 ·· 034

（一）名词解释 ································· 034

1. 车辆三检 ··································· 034
2. 三交一封 ··································· 035
3. 三违行为 ··································· 035
4. 安全生产三同时 ····························· 035
5. 三不伤害 ··································· 035
6. 三不动火 ··································· 035
7. 三停四查 ··································· 035
8. 三级安全教育 ······························· 035
9. 四不放过 ··································· 035
10. 五项落实 ·································· 035
11. 六大禁令 ·································· 035
12. 冬季八防 ·································· 036
13. 安全隐患 ·································· 036
14. 非常规作业 ································ 036
15. 作业许可 ·································· 036
16. 启动前安全检查 ···························· 036
17. 上锁/挂牌 ································· 036
18. 拖拉机安全带 ······························ 036
19. 逃生通道 ·································· 037
20. 风险评估 ·································· 037
21. "五交底" ································· 037
22. "五型班组" ······························· 037

23. 四懂三会 ································· 037
24. 应急预案 ································· 037
(二) 问答 ····································· 037
  1. 中国石油核心价值观有哪些内容？ ········· 037
  2. 《中国石油反违章禁令》突出体现了什么原则？ ··· 038
  3. "三勤三检"指的是哪些内容？ ············ 038
  4. 回场检查包括哪些内容？ ················· 038
  5. "五会"包括哪些内容？ ·················· 038
  6. 重大危险源是指什么？ ··················· 038
  7. 危险与可操作性分析（HAZOP）是指什么？ ······ 039
  8. 安全文化是指什么？ ····················· 039
  9. 目视化管理是指什么？ ··················· 039
  10. HSE 需求性岗位培训是指什么？ ········· 040
  11. 应急管理是指什么？ ···················· 040
  12. 应急救援是指什么？ ···················· 040

三、法律法规 ································· 041

(一) 名词解释 ································· 041
  1. 道路 ···································· 041
  2. 国道 ···································· 041
  3. 省道 ···································· 041
  4. 县道 ···································· 041
  5. 乡道 ···································· 041
  6. 高速公路 ································ 041
  7. 一级公路 ································ 041

8. 快速路 ··· 042
9. 主干路 ··· 042
10. 次干路 ·· 042
11. 支路 ·· 042
12. 路肩 ·· 042
13. 路基 ·· 042
14. 安全岛 ·· 042
15. 中心岛 ·· 042
16. 环岛 ·· 042
17. 加减速车道 ···································· 042
18. 附加车道 ······································ 042
19. 辅路 ·· 043
20. 分隔带 ·· 043
21. 路内停车场 ···································· 043
22. 超车视距 ······································ 043
23. 行车视距 ······································ 043
24. 停车视距 ······································ 043
25. 会车视距 ······································ 043

(二) 问答 ··· 043
  1. 国家对上道路行驶的拖拉机如何管理？············ 043
  2. 关于拖拉机的车辆登记和驾驶证的发放以及审验
     工作由哪个政府部门负责？······················· 044
  3. 拖拉机交通违法由哪个政府部门处罚？············ 044
  4. 拖拉机是否可以从事货运或客运业务？············ 044
  5. 拖拉机驾驶证申领和使用的管理机构是哪些？······ 044

6. 拖拉机驾驶证的分类及准驾机型代号是什么？…… 044
7. 拖拉机驾驶证准驾车型规定是什么？………… 045
8. 申请拖拉机驾驶证的人，应当符合哪些条件？…… 045
9. 拖拉机驾驶证如何获得？………………………… 045
10. 拖拉机驾驶员考试科目及内容是什么？………… 045
11. 拖拉机驾驶员发证机关是哪？…………………… 046
12. 拖拉机驾驶证有效期是多久？…………………… 046
13. 拖拉机驾驶证换证期限是多少？………………… 046
14. 拖拉机驾驶证如何转入换证？…………………… 046
15. 拖拉机驾驶证信息如何变化和证件损毁如何换证？………………………………………………… 046
16. 拖拉机驾驶证如何补证？………………………… 046
17. 拖拉机驾驶证如何审验？………………………… 046
18. 拖拉机驾驶证累积记分制度是什么？…………… 047
19. 拖拉机驾驶证的注销情形有哪些？……………… 047
20. 拖拉机牌证的使用规定是什么？………………… 047
21. 拖拉机需要参加年度检验吗？…………………… 047
22. 年度检验时间是多久？…………………………… 048
23. 拖拉机检验分几类？……………………………… 048
24. 拖拉机检验的项目有哪些？……………………… 048
25. 伪造、变造、套用牌证的处罚措施有哪些？…… 048
26. 哪些类型的拖拉机需要购买交强险？…………… 049
27. 拖拉机在哪些情况下必须申请办理变更手续？… 049
28. 拖拉机号牌、行驶证丢失或者损毁怎么办？…… 049
29. 拖拉机驾驶证有效期满，需要换证吗？………… 049

30. 拖拉机驾驶员信息变更，需要换证吗？ ………… 049
31. 描述图中交警手势代表的含义？ …………… 050
32. 新增图解表示含义？ ………………………… 055
33. 制定《道路交通安全法》的目的是什么？ ……… 060
34. 《道路交通安全法》的适用范围是什么？ ……… 061
35. 拖拉机通过没有交通信号灯控制也没有交通警察指挥的交叉路口，相对方向行驶的右转弯和左转弯的拖拉机，哪方车辆应该让行？ ………… 061
36. 拖拉机行经人行横道时，应当减速行驶；遇行人正在通过人行横道，应当怎么做？ …………… 061
37. 哪些人不得驾驶拖拉机？ …………………… 061
38. 交通信号灯由哪些灯组成？分别表示什么意思？ ………………………………………… 061
39. 在道路上发生有人员伤亡交通事故后，驾驶员应该如何处置？ ……………………………… 061
40. 对道路交通安全违法行为的处罚种类有哪些？ … 061
41. 公安机关交通管理部门在哪些情况下可以实行交通管制？ ……………………………………… 062
42. 拖拉机在什么情况下不准掉头？ …………… 062
43. 拖拉机行经人行横道时应当采取什么措施？ … 062
44. 道路交通信号包括哪些内容？ ……………… 062
45. 道路交通三要素是什么？ …………………… 062
46. 拖拉机行驶中遇有前方车辆停车排队或者行驶缓慢时应遵守哪些规定？ …………………… 062

第三部分　基本技能

一、操作技能 ………………………………………… 063
（一）拖拉机直角倒车侧向移库驾驶训练 ………… 063
　　1. 图形 ……………………………………………… 063
　　2. 尺寸 ……………………………………………… 063
　　3. 操作要求 ………………………………………… 064
　　4. 训练目的 ………………………………………… 064
（二）拖拉机场地绕桩驾驶训练 …………………… 064
　　1. 图形 ……………………………………………… 064
　　2. 尺寸 ……………………………………………… 064
　　3. 操作要求 ………………………………………… 065
　　4. 训练目的 ………………………………………… 065
（三）拖拉机挂接设备训练 ………………………… 065
　　1. 图形 ……………………………………………… 065
　　2. 图形尺寸 ………………………………………… 065
　　3. 操作要求 ………………………………………… 066
　　4. 训练目的 ………………………………………… 066
（四）拖拉机场地作业训练 ………………………… 066
　　1. 图形 ……………………………………………… 066
　　2. 尺寸 ……………………………………………… 067
　　3. 操作要求 ………………………………………… 067
　　4. 训练目的 ………………………………………… 067

(五) 拖拉机限时公路掉头训练 …………………………… 067
  1. 图形 ………………………………………………… 067
  2. 操作要求 …………………………………………… 068
  3. 训练目的 …………………………………………… 068

(六) 单 "S" 形路线行驶训练 ……………………………… 069
  1. 图形 ………………………………………………… 069
  2. 操作要求 …………………………………………… 069
  3. 训练目的 …………………………………………… 069

(七) 拖拉机牵挂设备 "S" 形路线行驶训练 …………… 070
  1. 图形 ………………………………………………… 070
  2. 操作要求 …………………………………………… 070
  3. 训练目的 …………………………………………… 070

(八) 牵挂设备 "8" 字形路线驾驶训练 ………………… 071
  1. 图形 ………………………………………………… 071
  2. 操作要求 …………………………………………… 071
  3. 训练目的 …………………………………………… 071

(九) 蛇形曲线驾驶训练 …………………………………… 072
  1. 图形 ………………………………………………… 072
  2. 操作要求 …………………………………………… 072
  3. 训练目的 …………………………………………… 072

(十) 直角调头驾驶训练 …………………………………… 073
  1. 图形 ………………………………………………… 073
  2. 操作要求 …………………………………………… 073
  3. 训练目的 …………………………………………… 074

(十一) 履带拖拉机上下拖车训练 ………………………… 074

1. 操作要求 ……………………………………………… 074
　　2. 训练目的 ……………………………………………… 074
　（十二）更换轮胎训练 …………………………………… 075
　　1. 使用的主要器材 ……………………………………… 075
　　2. 操作细则 ……………………………………………… 075
　　3. 操作流程 ……………………………………………… 076

二、拖拉机常见故障判断与处理 ………………………076

　　1. 高压油管磨损漏油故障 ……………………………… 076
　　2. 变速后自由跳挡故障 ………………………………… 076
　　3. 方向盘震抖、前轮摆头故障 ………………………… 076
　　4. 突发性供油不足故障 ………………………………… 077
　　5. 液压油管疲劳折损故障 ……………………………… 077
　　6. 机油泵性能差的故障 ………………………………… 077
　　7. 拖拉机冒蓝烟故障 …………………………………… 077
　　8. 气缸盖、机体裂纹 …………………………………… 077
　　9. 烧瓦抱轴 ……………………………………………… 078
　　10. 气缸垫烧坏 ………………………………………… 078
　　11. 敲缸 ………………………………………………… 078
　　12. 气缸压缩压力不足 ………………………………… 078
　　13. 每次作业后的日常保养 …………………………… 079
　　14. 拖拉机的一级保养的内容 ………………………… 079
　　15. 拖拉机的二级保养的内容 ………………………… 080
　　16. 拖拉机的三级保养的内容 ………………………… 080
　　17. 运行中发动机温度突然过高 ……………………… 081

18. 在松合离合器时有些抖动 …………………………… 081
  19. 转向时沉重费力 ……………………………………… 081
  20. 踩制动踏板时有轻微的"漏气"声音 ………………… 082
  21. 转向灯点亮时闪烁的频率比平时快 ………………… 082

三、应急救援 ……………………………………………………082
  1. 意外交通事故现场救援处置措施 …………………… 082
  2. 警示标志摆放 ………………………………………… 083
  3. 拖拉机撞击后被卡车内如何处置 …………………… 084
  4. 拖拉机撞击后失火如何处置 ………………………… 084
  5. 拖拉机撞击后落水如何处置 ………………………… 084

参考文献 ……………………………………………………………085

第一部分
基本素养

一 企业文化

(一) 名词解释

1. **石油精神**：石油精神以大庆精神铁人精神为主体，是对石油战线企业精神及优良传统的高度概括和凝练升华，是我国石油队伍精神风貌的集中体现，是历代石油人对人类精神文明的杰出贡献，是石油石化企业的政治优势和文化软实力。其核心是"苦干实干""三老四严"。

2. **大庆精神**：为国争光、为民族争气的爱国主义精神；独立自主、自力更生的艰苦创业精神；讲究科学、"三老四严"的求实精神；胸怀全局、为国分忧的奉献精神，凝练为"爱国、创业、求实、奉献"8个字。

3. **铁人精神**："为国分忧、为民族争气"的爱国主义精神；"宁肯少活二十年，拼命也要拿下大油田"的忘我拼搏精神；"有条件要上，没有条件创造条件也要上"的艰苦奋斗精神；"干工作要经得起子孙万代检查""为革命练一身硬功夫、真本事"的科学求实精神；"甘愿为党和人民当一辈子老黄牛"、埋头苦干的无私奉献精神。

4. 三超精神：超越权威，超越前人，超越自我。

5. 艰苦创业的六个传家宝：人拉肩扛精神，干打垒精神，五把铁锹闹革命精神，缝补厂精神，回收队精神，修旧利废精神。

6. 三要十不："三要"：一要甩掉石油工业的落后帽子；二要高速度、高水平拿下大油田；三要在会战中夺冠军，争取集体荣誉。"十不"：第一，不讲条件，就是说有条件要上，没有条件创造条件上；第二，不讲时间，特别是工作紧张时，大家都不分白天黑夜地干；第三，不讲报酬，干啥都是为了革命，为了石油，而不光是为了个人的物质报酬而劳动；第四，不分级别，有工作大家一起干；第五，不讲职务高低，不管是局长、队长，都一起来；第六，不分你我，互相支援；第七，不分南北东西，就是不分玉门来的、四川来的、新疆来的，为了大会战，一个目标，大家一起上；第八，不管有无命令，只要是该干的活就抢着干；第九，不分部门，大家同心协力；第十，不分男女老少，能干什么就干什么、什么需要就干什么。这"三要十不"，激励了几万职工团结战斗、同心协力、艰苦创业，一心为会战的思想和行动，没有高度觉悟是做不到的。

7. 三老四严：对待革命事业，要当老实人，说老实话，办老实事；对待工作，要有严格的要求，严密的组织，严肃的态度，严明的纪律。

8. 四个一样：对待革命工作要做到，黑天和白天一个样，坏天气和好天气一个样，领导不在场和领导在场一个样，没有人检查和有人检查一个样。

9. 思想政治工作"两手抓"：抓生产从思想入手，抓思想从生产出发。这是大庆人正确处理思想政治工作与经济工作关系的基本原则，也是大庆人思想政治工作的一条基本经验。

10. 岗位责任制管理：大庆油田岗位责任制，是大庆石油会战时期从实践中总结出来的一整套行之有效的基础管理方法，也是大庆油田特色管理的核心内容。其实质就是把全部生产任务和管理工作落实到各个岗位上，给企业每个岗位人员都规定出具体的任务、责任，做到事事有人管，人人有专责，办事有标准，工作有检查。它包括工人岗位责任制、基层干部岗位责任制、领导干部和机关干部岗位责任制。工人岗位责任制一般包括岗位专责制、交接班制、巡回检查制、设备维修保养制、质量负责制、岗位练兵制、安全生产制、班组经济核算制等8项制度；基层干部岗位责任制包括岗位专责制、工作检查制、生产分析制、经济活动分析制、顶岗劳动制、学习制度等6项制度；领导干部和机关干部岗位责任制包括岗位专责制、现场办公制、参加劳动制、向工人学习日制、工作总结制、学习制度等6项制度。

11. 三基工作：以党支部建设为核心的基层建设，以岗位责任制为中心的基础工作，以岗位练兵为主要内容的基本功训练。

12. 四懂三会：这是在大庆石油会战时期提出的对各行各业技术工人必备的基本知识、基本技能的基本要求，也是"应知应会"的基本内容。四懂即懂设备结构、懂设备原理、懂设备性能、懂工艺流程。三会即会操作、会维修保养、会排除故障。

13. **五条要求**：人人出手过得硬，事事做到规格化，项项工程质量全优，台台在用设备完好，处处注意勤俭节约。

14. **会战时期"五面红旗"**：王进喜、马德仁、段兴枝、薛国邦、朱洪昌。

15. **新时期铁人**：王启民。

16. **大庆新铁人**：李新民。

17. **新时代履行岗位责任、弘扬严实作风"四条要求"**：要人人体现严和实，事事体现严和实，时时体现严和实，处处体现严和实。

18. **新时代履行岗位责任、弘扬严实作风"五项措施"**：开展一场学习，组织一次查摆，剖析一批案例，建立一项制度，完善一项机制。

（二）问答

1. 简述大庆油田名称的由来。

1959年9月26日，新中国成立十周年大庆前夕，位于黑龙江省原肇州县大同镇附近的松基三井喷出了具有工业价值的油流，为了纪念这个大喜大庆的日子，当时黑龙江省委第一书记欧阳钦同志建议将该油田定名为大庆油田。

2. 中共中央何时批准大庆石油会战？

1960年2月13日，石油工业部以党组的名义向中共中央、国务院提出了《关于东北松辽地区石油勘探情况和今后部署问题的报告》。1960年2月20日中共中央正式批准大庆石油会战。

3. 什么是"两论"起家？

1960年4月10日，大庆石油会战一开始，会战领导小组就以石油工业部机关党委的名义作出了《关于学习毛泽东同志所著〈实践论〉和〈矛盾论〉的决定》，号召广大会战职工学习毛泽东同志的《实践论》《矛盾论》和毛泽东同志的其他著作，以马列主义、毛泽东思想指导石油大会战，用辩证唯物主义的立场、观点、方法，认识油田规律，分析和解决会战中遇到的各种问题。广大职工说，我们的会战是靠"两论"起家的。

4. 什么是"两分法"前进？

即在任何时候，对任何事情，都要用"两分法"，形势好的时候要看到不足，保持清醒的头脑，增强忧患意识，形势严峻的时候更要一分为二，看到希望，增强发展的信心。

5. 简述会战时期"五面红旗"及其具体事迹。

"五面红旗"喻指大庆石油会战初期涌现的五位先进榜样：王进喜、马德仁、段兴枝、薛国邦、朱洪昌。钻井队长王进喜带领队伍人拉肩扛抬钻机，端水打井保开钻，在发生井喷的危急时刻，奋不顾身跳下泥浆池，用身体搅拌泥浆制服井喷。钻井队长马德仁在泥浆泵上水管线冻结时，不畏严寒，破冰下泥浆池，疏通上水管线。钻井队长段兴枝在吊车和拖拉机不足的情况下，利用钻机本身的动力设施，解决了钻机搬家的困难。大庆油田第一个采油队队长薛国邦自制绞车，给第一批油井清蜡，又手持蒸汽管下到油池里化开凝结的原油，保证了大庆油田首次原油外运列车顺利启程。工程队队长朱洪昌在供水管线漏水时，用手捂着漏点，忍着灼烧的疼痛，让焊工焊接裂缝，保证了供水工程提前竣工。

6. 大庆油田投产的第一口油井和试注成功的第一口水井各是什么？

1960年5月16日，大庆油田第一口油井中7-11井投产；1960年10月18日，大庆油田第一口注水井7排11井试注成功。

7. 大庆石油会战时期讲的"三股气"是指什么？

对一个国家来讲，就要有民气；对一个队伍来讲，就要有士气；对一个人来讲，就要有志气。三股气结合起来，就会形成强大的力量。

8. 什么是"九热一冷"工作法？

大庆石油会战中创造的一种领导工作方法。是指在1旬中，有9天"热"，1天"冷"。每逢十日，领导干部再忙，也要坐在一起开务虚会，学习上级指示，分析形势，总结经验，从而把感性认识提高到理性认识上来，使领导作风和领导水平得到不断改进和提高。

9. 什么是"三一""四到""五报"交接班法？

对重要的生产部位要一点一点地交接、对主要的生产数据要一个一个地交接、对主要的生产工具要一件一件地交接。交接班时应该看到的要看到、应该听到的要听到、应该摸到的要摸到、应该闻到的要闻到。交接班时报检查部位、报部件名称、报生产状况、报存在的问题、报采取的措施，开好交接班会议，会议记录必须规范完整。

10. 大庆油田原油年产5000万吨以上持续稳产的时间是哪年？

1976年至2002年，大庆油田实现原油年产5000万吨以上连续 27 年高产稳产，创造了世界同类油田开发史上的奇迹。

11. 大庆油田原油年产 4000 万吨以上持续稳产的时间是哪年？

2003 年至 2014 年，大庆油田实现原油年产 4000 万吨以上连续 12 年持续稳产，继续书写了"我为祖国献石油"新篇章。

12. 中国石油天然气集团有限公司企业精神是什么？

石油精神和大庆精神铁人精神。

13. 中国石油天然气集团有限公司的主营业务是什么？

中国石油天然气集团有限公司是国有重要骨干企业和全球主要的油气生产商和供应商之一，是集国内外油气勘探开发和新能源、炼化销售和新材料、支持和服务、资本和金融等业务于一体的综合性国际能源公司，在全球 32 个国家和地区开展油气投资业务。

14. 中国石油天然气集团有限公司的企业愿景和价值追求分别是什么？

企业愿景：建设基业长青世界一流综合性国际能源公司；

企业价值追求：绿色发展、奉献能源，为客户成长增动力、为人民幸福赋新能。

15. 中国石油天然气集团有限公司的人才发展理念是什么？

生才有道、聚才有力、理才有方、用才有效。

16. 中国石油天然气集团有限公司的质量安全环保理念是什么？

以人为本、质量至上、安全第一、环保优先。

17.中国石油天然气集团有限公司的依法合规理念是什么？

法律至上、合规为先、诚实守信、依法维权。

 发展纲要

（一）名词解释

1. **三个构建**：一是构建与时俱进的开放系统；二是构建产业成长的生态系统；三是构建崇尚奋斗的内生系统。

2. **一个加快**：加快推动新时代大庆能源革命。

3. **抓好"三件大事"**：抓好高质量原油稳产这个发展全局之要；抓好弘扬严实作风这个标准价值之基；抓好发展接续力量这个事关长远之计。

4. **谱写"四个新篇"**：奋力谱写"发展新篇"；奋力谱写"改革新篇"；奋力谱写"科技新篇"；奋力谱写"党建新篇"。

5. **统筹"五大业务"**：大力发展油气业务；协同发展服务业务；加快发展新能源业务；积极发展"走出去"业务；特色发展新产业新业态。

6. **"十四五"发展目标**：实现"五个开新局"，即稳油增气开新局；绿色发展开新局；效益提升开新局；幸福生活开新局；企业党建开新局。

7. **高质量发展重要保障**：思想理论保障；人才支持保障；基础环境保障；队伍建设保障；企地协作保障。

（二）问答

1. 习近平总书记致大庆油田发现 60 周年贺信的内容是什么？

值此大庆油田发现 60 周年之际，我代表党中央，向大庆油田广大干部职工、离退休老同志及家属表示热烈的祝贺，并致以诚挚的慰问！

60 年前，党中央作出石油勘探战略东移的重大决策，广大石油、地质工作者历尽艰辛发现大庆油田，翻开了中国石油开发史上具有历史转折意义的一页。60 年来，几代大庆人艰苦创业、接力奋斗，在亘古荒原上建成我国最大的石油生产基地。大庆油田的卓越贡献已经镌刻在伟大祖国的历史丰碑上，大庆精神、铁人精神已经成为中华民族伟大精神的重要组成部分。

站在新的历史起点上，希望大庆油田全体干部职工不忘初心、牢记使命，大力弘扬大庆精神、铁人精神，不断改革创新，推动高质量发展，肩负起当好标杆旗帜、建设百年油田的重大责任，为实现"两个一百年"奋斗目标、实现中华民族伟大复兴的中国梦作出新的更大的贡献！

2. 当好标杆旗帜、建设百年油田的含义是什么？

当好标杆旗帜——树立了前行标尺，是我们一切工作的根本遵循。大庆油田要当好能源安全保障的标杆、国企深化改革的标杆、科技自立自强的标杆、赓续精神血脉的标杆。

建设百年油田——指明了前行方向，是我们未来发展的奋斗目标。百年油田，首先是时间的概念，追求能源主业的升级发展，建设一个基业长青的百年油田；百年油田，也是空间的拓展,追求发展舞台的开辟延伸,建设一个走向世界的百年油田;百年油田,更是精神的赓续,追求红色基因的传承弘扬,建设一个旗帜高扬的百年油田。

3. 大庆油田60多年的开发建设取得的辉煌历史有哪些?

大庆油田60多年的开发建设,为振兴发展奠定了坚实基础。建成了我国最大的石油生产基地;孕育形成了大庆精神铁人精神;创造了世界领先的陆相油田开发技术;打造了过硬的"铁人式"职工队伍;促进了区域经济社会的繁荣发展。

4. 开启建设百年油田新征程两个阶段的总体规划是什么?

第一阶段,从现在起到2035年,实现转型升级、高质量发展;第二阶段,从2035年到本世纪中叶,实现基业长青、百年发展。

5. 大庆油田"十四五"发展总体思路是什么?

坚持以习近平新时代中国特色社会主义思想为指导,深入贯彻落实党的二十大精神,牢记践行习近平总书记重要讲话重要指示批示精神特别是"9·26"贺信精神,完整、准确、全面贯彻新发展理念,服务和融入新发展格局,立足增强能源供应链稳定性和安全性,贯彻落实国家"十四五"现代能源体系规划,认真落实中国石油天然气集团有限公司党组和黑龙江省委省政府部署要求,全面加强党的领导党的建设,坚持稳中求进工作总基调,突出高质量发展主题,遵循"四个坚持"兴企方略和"四化"治企准则,推进实施以抓好"三件大事"为总纲、以谱写"四个新篇"为实践、以统筹"五大业务"为发展支撑的总体战略布局,全面提升企业的创新力、竞争力和可持续发展能力，当好标杆旗帜、建设百年油田，开创油田高质量发展新局面。

6. 大庆油田"十四五"发展基本原则是什么？

坚持"九个牢牢把握"，即牢牢把握"当好标杆旗帜"这个根本遵循；牢牢把握"市场化道路"这个基本方向；牢牢把握"低成本发展"这个核心能力；牢牢把握"绿色低碳转型"这个发展趋势；牢牢把握"科技自立自强"这个战略支撑；牢牢把握"人才强企工程"这个重大举措；牢牢把握"依法合规治企"这个内在要求；牢牢把握"加强作风建设"这个立身之本；牢牢把握"全面从严治党"这个政治引领。

7. 中国共产党第二十次全国代表大会会议主题是什么？

高举中国特色社会主义伟大旗帜，全面贯彻新时代中国特色社会主义思想，弘扬伟大建党精神，自信自强、守正创新，踔厉奋发、勇毅前行，为全面建设社会主义现代化国家、全面推进中华民族伟大复兴而团结奋斗。

8. 在中国共产党第二十次全国代表大会上的报告中，中国共产党的中心任务是什么？

从现在起，中国共产党的中心任务就是团结带领全国各族人民全面建成社会主义现代化强国、实现第二个百年奋斗目标，以中国式现代化全面推进中华民族伟大复兴。

9. 在中国共产党第二十次全国代表大会上的报告中，中国式现代化的含义是什么？

中国式现代化，是中国共产党领导的社会主义现代化，既有各国现代化的共同特征，更有基于自己国情的中国特色。中国式现代化是人口规模巨大的现代化；中国式现代化是全体人民共同富裕的现代化；中国式现代化是物质文明和精神文明相协调的现代化；中国式现代化是人与自然和谐共生的现代化；中国式现代化是走和平发展道路的现代化。

10. 在中国共产党第二十次全国代表大会上的报告中，两步走是什么？

全面建成社会主义现代化强国，总的战略安排是分两步走：从二〇二〇年到二〇三五年基本实现社会主义现代化；从二〇三五年到本世纪中叶把我国建成富强民主文明和谐美丽的社会主义现代化强国。

11. 在中国共产党第二十次全国代表大会上的报告中，"三个务必"是什么？

全党同志务必不忘初心、牢记使命，务必谦虚谨慎、艰苦奋斗，务必敢于斗争、善于斗争，坚定历史自信，增强历史主动，谱写新时代中国特色社会主义更加绚丽的华章。

12. 在中国共产党第二十次全国代表大会上的报告中，牢牢把握的"五个重大原则"是什么？

坚持和加强党的全面领导；坚持中国特色社会主义道路；坚持以人民为中心的发展思想；坚持深化改革开放；坚持发扬斗争精神。

13. 在中国共产党第二十次全国代表大会上的报告中，十年来，对党和人民事业具有重大现实意义和深远意义的三件大事是什么？

一是迎来中国共产党成立一百周年，二是中国特色社会主义进入新时代，三是完成脱贫攻坚、全面建成小康社会的历史任务，实现第一个百年奋斗目标。

14. 在中国共产党第二十次全国代表大会上的报告中，坚持"五个必由之路"的内容是什么？

全党必须牢记，坚持党的全面领导是坚持和发展中国特色社会主义的必由之路，中国特色社会主义是实现中华民族伟大复兴的必由之路，团结奋斗是中国人民创造历史伟业的必由之路，贯彻新发展理念是新时代我国发展壮大的必由之路，全面从严治党是党永葆生机活力、走好新的赶考之路的必由之路。

职业道德

（一）名词解释

1. **道德**：是调节个人与自我、他人、社会和自然界之间关系的行为规范的总和。

2. **职业道德**：是同人们的职业活动紧密联系的、符合职业特点所要求的道德准则、道德情操与道德品质的总和。

3. **爱岗敬业**：爱岗就是热爱自己的工作岗位，热爱自己从事的职业；敬业就是以恭敬、严肃、负责的态度对待工作，一丝不苟，兢兢业业，专心致志。

4. **诚实守信**：诚实就是真心诚意，实事求是，不虚假，不欺诈；守信就是遵守承诺，讲究信用，注重质量和信誉。

5. **劳动纪律**：是用人单位为形成和维持生产经营秩序，保证劳动合同得以履行，要求全体员工在集体劳动、工作、生活过程中，以及与劳动、工作紧密相关的其他过程中必须共同遵守的规则。

6. **团结互助**：指在人与人之间的关系中，为了实现共同的利益和目标,互相帮助,互相支持,团结协作,共同发展。

(二)问答

1. 社会主义精神文明建设的根本任务是什么?

适应社会主义现代化建设的需要,培育有理想、有道德、有文化、有纪律的社会主义公民,提高整个中华民族的思想道德素质和科学文化素质。

2. 我国社会主义道德建设的基本要求是什么?

爱祖国、爱人民、爱劳动、爱科学、爱社会主义。

3. 为什么要遵守职业道德?

职业道德是社会道德体系的重要组成部分,它一方面具有社会道德的一般作用,另一方面它又具有自身的特殊作用,具体表现在:(1)调节职业交往中从业人员内部以及从业人员与服务对象间的关系。(2)有助于维护和提高本行业的信誉。(3)促进本行业的发展。(4)有助于提高全社会的道德水平。

4. 爱岗敬业的基本要求是什么?

(1)要乐业。乐业就是从内心里热爱并热心于自己所从事的职业和岗位,把干好工作当作最快乐的事,做到其乐融融。(2)要勤业。勤业是指忠于职守,认真负责,刻苦勤奋,不懈努力。(3)要精业。精业是指对本职工作业务纯熟,精益求精,力求使自己的技能不断提高,使自己的工作成果尽善尽美,不断地有所进步、有所发明、有所创造。

5. 诚实守信的基本要求是什么?

(1)要诚信无欺。(2)要讲究质量。(3)要信守合同。

6. 职业纪律的重要性是什么？

职业纪律影响企业的形象，关系企业的成败。遵守职业纪律是企业选择员工的重要标准，关系到员工个人事业成功与发展。

7. 合作的重要性是什么？

合作是企业生产经营顺利实施的内在要求，是从业人员汲取智慧和力量的重要手段，是打造优秀团队的有效途径。

8. 奉献的重要性是什么？

奉献是企业发展的保障，是从业人员履行职业责任的必由之路，有助于创造良好的工作环境，是从业人员实现职业理想的途径。

9. 奉献的基本要求是什么？

（1）尽职尽责。要明确岗位职责，培养职责情感，全力以赴工作。（2）尊重集体。以企业利益为重，正确对待个人利益，树立职业理想。（3）为人民服务。树立为人民服务的意识，培育为人民服务的荣誉感，提高为人民服务的本领。

10. 企业员工应具备的职业素养是什么？

诚实守信、爱岗敬业、团结互助、文明礼貌、办事公道、勤劳节俭、开拓创新。

11. 培养"四有"职工队伍的主要内容是什么？

有理想、有道德、有文化、有纪律。

12. 如何做到团结互助？

（1）具备强烈的归属感。（2）参与和分享。（3）平等尊重。（4）信任。（5）协同合作。（6）顾全大局。

13. 职业道德行为养成的途径和方法是什么？

（1）在日常生活中培养。从小事做起，严格遵守行为规范；从自我做起，自觉养成良好习惯。（2）在专业学习中训练。增强职业意识，遵守职业规范；重视技能训练，提高职业素养。（3）在社会实践中体验。参加社会实践，培养职业道德；学做结合，知行统一。（4）在自我修养中提高。体验生活，经常进行"内省"；学习榜样，努力做到"慎独"。（5）在职业活动中强化。将职业道德知识内化为信念；将职业道德信念外化为行为。

14. 员工违规行为处理工作应当坚持的原则是什么？

（1）依法依规、违规必究；（2）业务主导、分级负责；（3）实事求是、客观公正；（4）惩教结合、强化预防。

15. 对员工的奖励包括哪几种？

奖励种类包括通报表彰、记功、记大功、授予荣誉称号、成果性奖励等。在给予上述奖励时，可以是一定的物质奖励。物质奖励可以给予一次性现金奖励（奖金）或实物奖励，也可根据需要安排一定时间的带薪休假。

16. 员工违规行为处理的方式包括哪几种？

员工违规行为处理方式分为：警示诫勉、组织处理、处分、经济处罚、禁入限制。

17.《中国石油天然气集团公司反违章禁令》有哪些规定？

为进一步规范员工安全行为，防止和杜绝"三违"现象，保障员工生命安全和企业生产经营的顺利进行，特制定本禁令。

一、严禁特种作业无有效操作证人员上岗操作；

二、严禁违反操作规程操作；

三、严禁无票证从事危险作业；

四、严禁脱岗、睡岗和酒后上岗；

五、严禁违反规定运输民爆物品、放射源和危险化学品；

六、严禁违章指挥、强令他人违章作业。

员工违反上述禁令，给予行政处分；造成事故的，解除劳动合同。

第二部分 基础知识

专业知识

（一）名词解释

1. **排量**：指发动机中所有气缸工作容积的总和。
2. **制动侧滑**：指制动时拖拉机的某一轴或两轴发生横向移动。
3. **操纵稳定性**：拖拉机在各种条件下，抵抗倾覆（翻车）和侧滑的能力。
4. **牵引力**：在拖拉机车轮与路面的接触点给路面作用一个向后的切向力。
5. **液压传动**：是以油液作为工作介质，利用油液压力来传递动力和进行控制的一种传动方式。
6. **转向轮定位**：是指转向轮、转向节和前轴三者之间与车架之间具有一定的相对位置安装。
7. **转向半径**：从转向中心到转向外轮中心面的距离叫作拖拉机的转向半径。
8. **负荷特性**：发动机工作时，若转速保持不变，其经济指标随负荷而变化的关系，称为负荷特性。

9. **搭载设备（附属物）**：指利用拖拉机发动机及输出装置，带动其他工作设备，完成工作任务。

10. **轴距**：拖拉机前轴中心到后轴中心的距离。

11. **拖拉机制动性**：指拖拉机能在短距离内停止且维持行驶方向稳定性和在下坡时能维持一定车速的能力。

12. **接近角**：接近角是水平面与切于前轮轮胎外缘（静载时）的平面之间的最大夹角。接近角越大，通过性能就越好。

13. **离去角**：离去角是水平面与切于最后车轮轮胎外缘（静载时）的平面之间的最大夹角。

14. **压缩比**：气缸总容积与燃烧室容积的比值叫作压缩比。

15. **轮距**：轮距是指在支撑平面上，同轴左右车轮两轨迹中心间的距离。轴两端为双轮时，轮距为左右两条轨迹的中线间的距离。

16. **工作循环**：发动机完成一次热能转化成机械能的过程，它包括进气、压缩、做功和排气四个过程。

17. **充气量**：指发动机在进气过程中实际进入气缸内的空气量。

18. **定期维护**：指按文件规定的运行间隔期实施的拖拉机维护。

19. **制动拖滞**：指制动后抬起制动踏板时，全部或个别车轮仍产生制动作用的现象称为制动拖滞。

20. **制动效能**：是指在良好的路面上，拖拉机以一定速度从开始制动到停车所需的制动距离。

21. **前轮定位**：车辆行驶时，为了保证车辆转向轻便顺利、准确和自动保持直线行驶的能力，在车辆的前轮上设计有主销内倾角、车轮外倾角、车轮前束和主销后倾角，统称为前轮定位。

（二）问答

1. 拖拉机起步的注意事项有哪些？

（1）准备起步时，佩戴好安全带，通过内、外后视镜左、右转头观察，打开转向灯并鸣笛，向其他车辆或行人示意，确认安全后方可起步；

（2）采用气压制动的拖拉机，需注意气压表的压力是否达到额定值；

（3）将离合器踏板踩到底，把变速杆挂到低速挡上；

（4）慢慢松抬离合器踏板，同时匀速加大油门，使拖拉机平稳起步；油门的大小应根据拖拉机牵引的负荷大小来决定；

（5）上坡起步时，要先踩下离合器踏板，挂低速挡，然后利用手油门加大油门，同时慢慢松开制动器，直到拖拉机慢慢起步行驶，有驻车制动器的车辆只需在松抬离合器的同时，缓松驻车制动器，车辆即可起步；

（6）下坡起步的操作方法与上坡起步的操作方法不同之处是油门应适当小些。

2. 拖拉机发动机的启动方法是什么？

（1）启动前应将变速手柄置于"空挡"位置，将发动机熄火拉杆顺势推入；

（2）将钥匙插入电源开关，顺时针方向旋转，接通电源，此时仪表箱内仪表灯亮，将钥匙继续顺时针旋转至"启动"位置，或将启动预热开关手柄顺时针旋转至"启动"位置，发动机即可启动，立即松开启动钥匙或开关手柄，让其退回到正常工作位置。

3. 拖拉机仪表观察步骤是什么？

驾驶员在操作时，要时刻注意各种仪表及指示灯，若发生异常情况，应立即停车、检修。拖拉机的仪表一般有：

（1）发动机转速表。由转速表和速度参考表组成。外圈数字为拖拉机最高挡行驶时参考车速（km/h）（备用）；内圈数字为发动机的转速（r/min）。

（2）水温表。用来指示发动机冷却系统的水温，发动机正常工作时水温应在 80～90℃。

（3）油量表。用刻度标记油量，E 为空，F 为满。

（4）蓄电池充电报警灯（红色）。发动机启动后该灯应熄灭，表示蓄电池充电正常（或为电流表，则发动机启动后，电流表指针应指向"十"端）。

（5）发动机油压报警灯（红色）。发动机启动后，该灯熄灭表示润滑系统正常。

4. 拖拉机换挡的方法是什么？

（1）当由高速换低速时，正确使用两脚离合器，可以避免换挡打齿。操作步骤是：减小油门，降低车速；踏下离合器踏板，迅速将变速杆移入空挡位置，随即放松离合器踏板；快速轻踏一下油门踏板，提高发动机瞬间转速后，再次踏下离合器踏板，将变速杆移入低一级挡位，放松离合器踏板。换挡过程中，动作要敏捷、准确，使变速杆在踏离合器和油门的掌握上互相配合好。油门加大或减小的程度应根据车速适当控制，车速越快，油门的变动量也应越大。

（2）当由低速变高速时，使用两脚离合的操作方式就能顺利换挡。

5. 拖拉机操纵方向盘时的注意事项有哪些？

（1）转动方向盘动作要轻柔，转动的角度要根据速度和转动的角度来调节，不同速度转动量不同；

（2）严禁双手同时离开方向盘；

（3）转动量较大时，不要两只手一点一点地转，要双手交替操作；

（4）在高低不平的道路上行驶时，应降低车速，握紧方向盘，以防止路面冲击力反传至方向盘，将手击伤；

（5）尽量避免原地打方向盘，否则会磨损轮胎，影响前轮定位参数；

（6）拖拉机转小弯或在松软的土地上和水田中，由于前轮的侧滑使转向不灵时，驾驶员可在转动方向盘的同时踩下与转弯方向相应边的制动器踏板来辅助转向（需事先将左右制动器联锁块松开，并在低速时才可操作）；

（7）全液压转向阻力超过规定值时，安全阀起作用产生溢流并发出吱吱声时，此时方向盘应少许退回一些，避免转向系统长时间过载。

6. 拖拉机操纵离合器的技术要点有哪些？

（1）操纵离合器的一般原则是"快离慢合"。即对离合器的分离要快，做到干净利落；结合要慢，做到平顺柔和无冲击。

（2）驾驶时，严禁把脚放在离合器踏板上，以免引起分离杠杆和分离轴承加速磨损。

（3）除了倒车挂接专业设备等特殊情况外，严禁使用半联动的方法控制车速，以免离合器发热，加速摩擦片磨损。

（4）双作用离合器只有两级离合器分离后才能操纵动力输出轴的结合和分离手柄。

（5）在操作过程中严禁使用快速结合离合器的方法起步或冲越障碍。

7. 拖拉机转向时的注意事项有哪些？

（1）拖拉机在任何情况下的转向都应在减速的过程中实现，先减小油门或换低挡，再转弯。其技术要点是减速、鸣喇叭、开转向灯、靠右行。

（2）转大弯时，方向盘慢转慢回正；转小弯时，方向盘快转快回正。

（3）转弯时，由于拖拉机前后轮轮迹不重叠，要注意内轮差。

（4）拖拉机牵引或悬挂专用设备转弯时，一定要瞻前顾后，确保行车安全。

（5）当转向轮附着力低时，可踩下转向一侧的制动踏板，通过单边制动来协助拖拉机转向。

8. 拖拉机会车时的技术要点有哪些？

（1）注意保持两交会车之间的安全距离，即两车会车时的侧向间距最小不可小于 1～1.5m。雨、雪、雾天、路面湿滑、视野不清时会车间距应适当加大。同时要注意与非机动车辆和行人保持安全距离。

（2）在有障碍物的路段会车时，有障碍物的一方应让对方先行。

（3）在狭窄的坡路会车时，上坡的一方先行；但下坡的一方已行至中途而上坡的一方未上坡时，下坡的一方先行。

（4）夜间会车，在距对方来车150m以外改用近光灯，在窄路、窄桥与非机动车会车时应使用近光灯。

（5）如果拖拉机带有拖车时，应当提前靠右行驶，并保持拖拉机与拖车在一条直线上。

9. 拖拉机超车的技术要点有哪些？

（1）超车时，应当提前开启左转向灯、鸣喇叭（夜间超车需变换使用远、近光灯）；在确认有充足的安全距离后，从被超车的左侧超越，在与被超车辆保持必要的安全距离后，开右转向灯，驶回原车道；在快车道上行驶时，遇后车发出超车信号时，应变更到慢车道让行。

（2）超越停放的车辆时，必须减速鸣笛同时要注意被超越车辆的突然起步、车门打开或有行人从超越车辆前方出现，随时准备制动停车。

10. 哪些情况下同车道行驶的机动车不得超车？

（1）前车正在左转弯、掉头、超车的；

（2）与对面来车有会车可能的；

（3）前车为执行紧急任务的警车、消防车、救护车、工程救险车的；

（4）行经铁路道口、交叉路口、窄桥、弯道、陡坡、隧道、人行横道、市区交通流量大的路段等没有超车条件的；

（5）因恶劣天气造成视线模糊时，严禁超车。

11. 拖拉机倒车的技术要点有哪些？

（1）倒车起步前要注意先观察四周，倒车起步时，要特别注意慢慢松开离合器踏板。倒车过程中，必须前后照顾，密切注意有无人员或障碍物。

（2）倒车挂接专用设备或倒车入库时，要通过踩踏离合器踏板减速，协助完成倒车过程，并随时准备踩踏制动踏板。

（3）倒车时应采用低速，并根据实际情况随时准备制动。

12. 拖拉机道路运输的驾驶技术要点有哪些？

（1）作业前必须检查牵引架、转向盘、转向拉杆的连接紧固情况及轮胎气压状况、牵引销锁定等情况。

(2) 拖拉机运输作业时严禁超员、超载、超速。

(3) 转弯时要提前降低车速，适当放大转弯半径，防止挂车转弯时内轮碰撞车辆或行人，与来车相会应减速并保持挂车正常行驶。

(4) 进行拖拉机与挂车制动协调，首先调整挂车与拖拉机同由一个踏板制动，其制动动作应协调一致。若不协调，用改变可调推杆的长度来调整。如拖拉机制动过早，则出现挂车无拖印或压印。若有较长的拖印，需适当缩短可调推杆的长度，反之则加长。

(5) 行驶速度应根据路面状况随时调节。

13. 拖拉机市区道路驾驶操作的注意事项有哪些？

(1) 进入市区，要熟悉城区道路交通情况（如单行线、限时通行、拖拉机严禁驶入等交通警示标志），按规定的路线和时间行驶。

(2) 要按生产任务规定路线，按道路交通法规各行其道，注意道路交通标志。无分道线时，应靠右中速行驶，前后车辆要保持适当的距离。临近交叉路口时，要及时减速，预先进入预定车道，并注意信号变化。

(3) 遵守交通法规，严禁闯红灯。

14. 拖拉机通过铁路、桥梁、隧道驾驶操作的注意事项有哪些？

(1) 通过有人看守的铁道口时，要观察到道口指示灯或看守人员的指挥。

(2) 通过无人看守的道口时，要一停、二慢、三通过；通过道口时要低速慢行，中途不得换挡。

(3) 通过桥梁时要靠右行，低速平稳地通过桥梁。如同时有多辆车过桥,要注意载重和车距。尽量避免在桥上换挡制动和停车。

(4) 通过隧道之前,注意检查拖拉机装载高度是否超出隧道的限高,通过隧道时,应打开灯光,鸣笛低速通过。

15. 拖拉机通过渡口驾驶操作的注意事项有哪些?

(1) 拖拉机驶抵渡口时,应按顺序排队待渡,如在上下坡道上停车,应与前车拉长距离,驾驶员不得离车。

(2) 上、下渡船应低速慢行,使前后轮胎均正对跳板,前轮接触跳板时,应缓踏油门,平稳上下。上船后,缓行至指定位置停车,锁紧制动后再熄火,然后将变速杆推入低挡,必要时用三角木将车轮塞好。

(3) 下船后爬坡时,如坡陡或码头路面泥泞时,应特别小心,要与前车保持车距,以防前车倒退发生刮碰事故。

16. 拖拉机涉水操作的注意事项有哪些?

(1) 涉水前。要查清水的深度、流速、流向和水底情况(泥沙或石底等)以及两岸上、下拖拉机驾驶的条件。在雨季结束后,还需了解上游洪汛的活动情况,如能通过,应结合所驾驶拖拉机的结构,确定涉水路线。如水面较宽,须设标记,也可在对岸选定某一固定物作为定向目标。涉水路线应以捷径为原则。如流速过急,则应以顺水流方向斜线通过为宜。如水深超过拖拉机的最大涉水深度时,还应采取措施,对油箱、机油尺孔和变速箱、后桥通气孔进行保护。

(2) 涉水时。应用低速挡平稳地驶入水中,防止水花溅入发动机。行驶中,应保持足够的动力,避免途中变速、停车和急转向,做到匀速通过。如多车涉水时,不应同时下水,要依次通过。行进中,驾驶员要着眼固定目标,不可注视流水,以免视觉错乱,致使方向失控。

(3) 涉水后。应选择空阔地区停车,擦干电气系统受潮部分;检查散热器、底盘、轮胎有无异物,曲轴箱有无进水。如一切正常,先用低速挡行驶一段路程,并轻轻踏住制动踏板,让制动摩擦片和制动鼓发生摩擦,使水分受热蒸发,待制动效能恢复后,再正常行驶。

17. 拖拉机在泥泞、沼泽路上驾驶的注意事项有哪些?

(1) 选择行驶路线。

① 选择比较平整或泥泞层较浅的路面行驶。有拱度的路面,尽可能骑路行驶,路面如已形成车辙,可循车辙前进。

② 发现路面有土堆或坑洼时需提前判断,防止底盘碰擦或车轮陷落。若需要绕行,也要核实所选路线的通过条件,确认安全可靠后,方可前进。

(2) 保持适当车速,防止发动机熄火。

① 正确估计前方道路的泥泞程度和行驶阻力,提早换入所需挡位以保持足够的动力。中途避免换挡,如需换挡,要做到动作敏捷,联动平稳。

② 尽量避免停车。泥泞路上起步比较困难,起步时离合器一定要缓缓松抬,有时可选择较高挡起步,以防驱动轮打滑空转。

③ 匀速行驶时附着力比较稳定,能减少轮胎打滑。尽量避免制动。在泥泞路上减速时,无论是平路、下坡还是直线或弯道,都应以利用发动机的牵阻作用为主。脚制动要慎用,因为在泥泞滑溜的路面上制动,制动力很容易超过附着力,车轮会被迅速"抱死"产生滑动,加上各车轮的制动效果不可能完全一致,会使拖拉机产生侧滑。万一发生制动引起的整车滑移时,要迅速放松制动踏板,并稳住方向。

18. 车陷泥坑的自救方法是什么？

下雨天或在土路、翻浆路上行车时，经常遇到车轮陷入泥坑的情况。一旦发生这种情况，可以挂上一挡或倒挡，试探性地缓踩油门，当拖拉机能前行或者后退时，要保持加速踏板位置不变，低速开出泥泞路段。如果拖拉机无法前后移动，可以在驱动轮前后垫石块、砖头、木板或树枝等，以增加车轮与地面的附着力，使拖拉机平稳开出泥坑。

19. 拖拉机液压系统油泵的功能是什么？

油泵是液压系统的动力元件。其作用是将电动机的机械能转换成液体的压力能，经过控制阀、油管等元件，将压力油液送至油缸后将动力传递到专用压力设备。

20. 拖拉机夜间道路驾驶的注意事项有哪些？

（1）要正确运用好夜间灯光。

（2）夜间行驶时如发现远方路面有黑影，车到近处黑影消失，一般为道路上有浅坑；如黑影还存在，则表明有较深的坑，应减速通过或下车勘察后通过。行驶中若灯光突然照射到公路一侧，一般表明正接近弯道处；如灯光照射的路面突然消失，可能是急转弯或下陡坡；若灯光照射由远及近，说明车辆驶进有山体或屏障的弯道，或到达起伏坡道的低谷段，或驶近上坡道。

（3）以路面的颜色识别道路（以一般的碎石路面为例）：

① 在无月夜，路面为深灰色，路外为黑色，在有月夜路面为黑白色，积水处为白色；

② 雨后，路面为灰黑色，坑洼、泥泞为黑色，积水处为白色；

③ 雪后，车辙为灰白色，通过较多的车辆后呈灰黑色；

（4）在黑暗中，应利用路旁树木、电线杆及其他物体判断路面宽度，掌握行驶方向。

21. 拖拉机雨天驾驶操作的注意事项有哪些？

（1）日常做好刮水器和制动装置的技术状态检查。

（2）雨天行驶在渣油路面、泥泞路面或有油迹的路面上，拖拉机极易发生滑溜，应提高警惕。

（3）久雨天气中驾驶时，要注意路基情况，应选择安全路面行驶。在傍山路、堤路或沿河道路上，不宜靠边行驶或停车。超车、交会时更须注意，防止路肩坍塌，造成覆车事故。

（4）遇到特大暴雨视线不清时，应选择安全位置把车停好，并打开危险报警闪光灯。

（5）道路积水时，应减速行驶，礼让行人，不可高速通过，防止污水飞溅和车辆"滑水"失控。

22. 拖拉机雾天驾驶操作的注意事项有哪些？

（1）雾中驾驶，应根据视线远近适当降低车速，白天也要开亮防雾灯、开启视宽灯或近光灯，要避免超车；

（2）行驶中要勤鸣笛，以引起行人、车辆的注意；

（3）听到来车鸣笛声，应鸣笛回应，会车时要远近光切换示意，以免眩目而撞车；

（4）能见度过低时，应靠路边停车，打开危险报警闪光灯，驾驶员应该立即离开公路转移到安全地区。

23. 拖拉机冬季驾驶的注意事项有哪些？

（1）驾驶拖拉机应慢行，不作急转弯、不经常换挡、不紧急制动；

（2）拖拉机上、下坡时，特别注意不换挡，以防下滑；

（3）轮式拖拉机可给驱动轮增加配重，并加装防滑装置；

（4）行车时，应控制好车速，适当增加尾随距离；

（5）提前预防风挡结霜现象，保持良好视野。

24. 拖拉机酷暑天气的驾驶注意事项有哪些？

（1）行驶中要注意防止发动机过热，随时注意水温表读数，如温度过高，要选择阴凉处停车降温，可掀起发动机盖通风散热。

（2）发动机过热缺水时，应在发动机怠速状态下加水，或一面打开散热器和发动机放水开关，一面向散热器徐徐加入冷却水换去热水降温；在开启散热器盖添加冷却水时，要防止烫伤；不得在发动机高温下熄火加注冷却水。

（3）燃料供给系发生气阻时，应停车降温。

（4）发现胎温、胎压过高时，应选择阴凉处停息，让其自然恢复正常。不可采取放气或泼冷水的方法降温、降压。

（5）要注意检视制动效能，谨防制动轮缸皮碗（液压制动）膨胀变形和制动液汽化造成制动失灵的故障。长下坡要注意途中停车以自然降低制动器温度，保证制动效能良好。制动鼓温度过高时，切不可用冷水浇泼，以防制动鼓裂损。山区行车最好安装制动鼓滴水装置，以改善其散热条件。

（6）蓄电池电解液由于炎热容易消耗，应定期检查，不足时加注蒸馏水。

25. 拖拉机作业时，哪些情况必须立即停机？

（1）发生事故；

（2）转向、制动机构有异常；

（3）发动机声音异常、有异味、机油压力突然下降或者升高等；

（4）发生异常抖动；

(5) 发动机"飞车";

(6) 夜间作业照明等设备有故障。

26. 拖拉机前轮摆动的主要原因有哪些?

(1) 转向器轴承间隙、前轮轴承间隙或者蜗轮蜗杆啮合间隙过大;

(2) 转向节轴与衬套间隙过大;

(3) 转向操纵机构各球头销因磨损间隙过大;

(4) 前轮前束变化;

(5) 前轮钢圈变形,紧固螺栓有松动。

27. 拖拉机上、下坡时应注意哪些?

(1) 坡上不准换挡;

(2) 不准急转弯和横坡调头,不准倒退上坡;

(3) 下坡时不准用空挡、熄火或分离离合器等方法滑行;

(4) 坡上不要停车。确需停车时,要锁紧制动器,做好防滑措施,人员不要站在拖拉机的下坡处。

28. 拖拉机在道路上发生故障,需要停车排除故障时,驾驶员应当怎么做?

驾驶员应当立即开启危险报警闪光灯,将机动车移至不妨碍交通的地方停放;难以移动的,应当持续开启危险报警闪光灯,并在来车方向设置警告标志等措施扩大示警距离,并通知单位管理部门。

29. 拖拉机鸣笛的含义有哪些?

(1) 短鸣笛一声。

一般用于两车驾驶员互相打招呼,或者驾驶员与行人打招呼,也是错车时相互表示的一种礼仪用语。

(2) 长鸣笛一声。

在行驶过程中,遇到远方有障碍物、强行超车和急转弯时，可以采用汽笛长鸣"嘀～～"的方式。其目的是"提示"或"警示"前车或行人等。当然，这种鸣笛方式很容易引起他人的不满，并且有些地方属于禁鸣区，所以不建议经常使用。

（3）短鸣笛两声。

多用于超车时，除了用灯光示意前车，最好加上短促的两声"嘀嘀"。是超车时对前车驾驶员礼让三分的致意。

（4）短促而有节奏的连续三声鸣笛。

在正常行驶中，需提醒前方的行人及非机动车注意时。

30. 夜间行车遇见对向车辆开远光灯，怎样提醒？

在会车前较远距离时使用连续切换远近光方式，提醒对方会车时切换灯光。

31. 出入视野盲区需要注意什么？

应闪三下大灯，辅助鸣笛。拖拉机行驶到易产生视野盲区的地方时，盲区内的车辆或行人都无法感知路面情况。所以即将驶入盲区的驾驶员最好闪三下大灯，以提醒来车或行人注意。

32. 危险报警闪光灯使用的注意事项有哪些？

（1）在道路上临时停车时要开启危险报警闪光灯；

（2）在道路上发生故障或者发生交通事故时使用危险报警闪光灯；

（3）一般道路上，雾天行车使用危险报警闪光灯；

（4）在高速公路上，遇有雾、雨、雪、沙尘、冰雹等情况，能见度小于100m时使用危险报警闪光灯；

（5）牵引故障机动车时，牵引车和被牵引车均应当开启危险报警闪光灯。

33. 制动跑偏的原因有哪些？
（1）前轮制动力不一致；
（2）两个前轮轴承松紧度不一致；
（3）轮胎型号、轮胎气压不一致；
（4）左右方向轻重不一致；
（5）左右轴距不一致；
（6）两侧前悬挂弹性组件弹力不一致。

34. 发动机过热的危害是什么？
（1）降低充气效率，减少进气量，导致发动机功率下降；
（2）发动机温度过高使润滑油变稀，降低润滑效果，加速机件磨损；
（3）因材料过热膨胀变形，改变了发动机各部件之间的正常配合间隙；
（4）燃烧室温度过高，使表面点火或爆震燃烧的倾向加大。

35. 发动机活塞环磨损后对发动机性能有何影响？
活塞环磨损后，会使张口缝隙和边缝隙增大，弹力减弱，与缸壁的密封不良，造成发动机的功率降低，耗油率增加，机油窜入气缸并烧损，并产生大量积碳使发动机的运行状态恶化。

36. 喷油泵供油时间过早或过晚对发动机有何危害？
过早时柴油机产生敲缸，工作无力，油耗增加；过晚时，柴油机冒白烟，水温升高，工作无力，油耗增加。

37. 低温环境下对拖拉机的使用有什么影响？
（1）使机油黏度增大；
（2）使气缸压缩压力下降；

(3) 使燃油雾化不良；

(4) 蓄电池性能下降；

(5) 低温启动使柴油机机件磨损加剧。

38. 低温天气下行车的技术保障措施有哪些？

(1) 保温、防冻；

(2) 换用冬季润滑油和润滑脂；

(3) 适当提高发电机的充电电流；

(4) 对燃料供给系统进行必要的调整；

(5) 对点火系统进行必要的调整。

39. 拖拉机长时间存放应怎样保管？

(1) 最好选择入库保管；

(2) 存放前要充分润滑；

(3) 把排气口罩上，防止尘土或水分进入；

(4) 提高轮胎充气压力；

(5) 定期改变轮胎着地部位，防止轮胎局部变形；定期启动，防止锈蚀；

(6) 释放不必要的负荷，如链轨松紧度调整弹簧要放松，轮式拖拉机后桥要支撑起来，液压悬挂装置应放下；

(7) 将蓄电池拆下，放在干燥室内另行保管，极桩要擦净涂油，并经常检查电解液、电压，按时充电。

二、HSE 知识

（一）名词解释

1. 车辆三检：行车前的检查；行车途中的停车检查；收车后的检查保养。

2. **三交一封**：交车辆钥匙、交行车证、交准驾证，定点封存车辆。

3. **三违行为**：违章指挥，违章作业，违反劳动纪律。

4. **安全生产三同时**：生产经营单位新建、改建、扩建工程项目的安全设施，必须与主体工程同时设计、同时施工、同时投入生产和使用。

5. **三不伤害**：不伤害自己、不伤害他人、不被他人伤害。

6. **三不动火**：无合格的火票不动火、安全措施不落实不动火、监火人不在场不动火。

7. **三停四查**："三停"即通过险路桥前停车观察路况、通过城市前停车整理车容车况、遇有行车安全障碍的停车排除事故隐患；"四查"即途中停车检查车辆轮胎气压是否正常、检查车辆转向、制动等部位是否灵敏安全可靠、检查车辆指示信号是否有效、检查货物是否捆绑牢固。发现问题，应及时整改。

8. **三级安全教育**：厂级安全教育、车间级安全教育、班组级安全教育。

9. **四不放过**：事故原因未查清不放过；责任人未受到处理不放过；整改措施未落实不放过；有关人员未受到教育不放过。

10. **五项落实**：事故隐患整改实行防范措施、责任、人员、资金和时间五个关键要素落实。

11. **六大禁令**：严禁特种作业无有效操作证人员上岗操作；严禁违反操作规程操作；严禁无票证从事危险作业；严禁脱岗、睡岗和酒后上岗；严禁违反规定运输民爆物品、放射源和危险化学品；严禁违章指挥、强令他人违章作业。

12. **冬季八防**：防火、防爆、防井喷、防油气泄漏、防交通事故、防滑、防坍塌、防冻凝。

13. **安全隐患**：是指生产经营单位违反安全生产法律、法规、规章、标准、规程、安全生产管理制度的规定，或者其他因素在生产经营活动中存在的可能导致不安全事件或事故发生的不安全状态、人的不安全行为和管理上的缺陷。从性质上分为一般安全隐患和重大安全隐患。

14. **非常规作业**：临时性的、缺乏程序规定的作业活动，包括动火作业、高处作业、管线打开、受限空间作业、临时用电、挖掘施工、大型设备吊装等。

15. **作业许可**：对在生产或施工作业区域内工作程序或操作规程未涵盖的非常规作业，事前开展作业危害辨识，提出作业申请，验证作业安全措施，并最终获得作业批准的一个过程。

16. **启动前安全检查**：在工艺设备启动前对所有相关因素进行检查确认，并将所有必改项整改完成，批准启动的过程。

17. **上锁/挂牌**：当设备或工具在保养或清洁时，动力被切断并且设备或工具不能移动，所有的能源（电，液压，气压等）关闭。目的为确保在机器旁工作时无人受伤。上锁即要确保一旦设备关闭能源，设备就保持在安全状态。上锁有助于预防人员不慎开动设备造成伤害或死亡。

18. **拖拉机安全带**：是为了在碰撞时对驾驶员进行约束以及避免碰撞时驾驶员与方向盘及仪表板等发生二次碰撞或避免碰撞时冲出车外导致死伤的安全装置。

19. 逃生通道：是指发生火灾的时候供人员逃生用的通道。平时不许堵塞，有应急照明灯和消防指示灯。

20. 风险评估：指在风险事件发生之前或之后（但还没有结束），该事件给人们的生活、生命、财产等各个方面造成的影响和损失的可能性进行量化评估的工作。即，风险评估就是量化测评某一事件或事物带来的影响或损失的可能程度。

21. "五交底"：是指工程及施工作业前，在施工作业现场对施工作业项目进行工程（施工）方案、关联工艺、环境风险、应急措施和安全制度等五个方面进行交底（概括为施工方案交底、关联工艺交底、环境风险交底、应急措施交底、安全制度交底）。

22. "五型班组"：安全型、健康型、环保型、学习型、节能型。

23. 四懂三会：四懂：懂设备结构、懂设备性能、懂设备工作原理、懂设备用途。三会：会操作使用、会维护保养、会排除故障。

24. 应急预案：指面对突发事件，如自然灾害、重特大事故、环境公害及人为破坏的应急管理、指挥、救援计划等。它一般应建立在综合防灾规划上。其几大重要子系统为：完善的应急组织管理指挥系统；强有力的应急工程救援保障体系；综合协调、应付自如的相互支持系统；充分备灾的保障供应体系；体现综合救援的应急队伍等。

（二）问答

1. 中国石油核心价值观有哪些内容？

环保优先、安全第一、质量至上、以人为本。

2.《中国石油反违章禁令》突出体现了什么原则?

"以人为本、预防为主"和"严"字当头的原则。

3."三勤三检"指的是哪些内容?

三勤是指:勤检查、勤保养、勤维护。三检是指:出车前、行车中、收车后。

4.回场检查包括哪些内容?

(1)底盘检查(漏油、排气管、消音器、传动系统、转向系统);

(2)设施检查(随车备品、灯光、仪表台、电台、安全装置、车容车貌、线路有无老化、裸露、全车保险);

(3)机械检查(制动、手刹车、螺栓螺母有无缺少、松动现象、各部位连接);

(4)润滑检查(机油、齿轮油、液压油);

(5)冷却系统检查:水箱、空调、空调皮带、风扇皮带、防冻液。

5."五会"包括哪些内容?

(1)岗位职责要会;

(2)操作规程要会;

(3)岗位风险要会;

(4)防范措施要会;

(5)应急预案要会。

6.重大危险源是指什么?

长期或者临时的生产、搬运、使用或储存危险物质,且危险物质的数量不小于临界量的单元,以及其他存在危险能量不小于临界量的单元;单元指一个(套)生产装置、设施或场所,或同属一个工厂的且边缘距离小于500m的几个(套)生产装置、设施或场所;临界量指对于某种或某类危险物质规定的数量。

7. 危险与可操作性分析（HAZOP）是指什么？

危险与可操作性分析是以系统工程为基础的一种可用于定性分析或定量评价的危险性评价方法，用于探明生产装置和工艺过程中的危险及其原因，寻求必要对策。通过分析生产运行过程中工艺状态参数的变动，操作控制中可能出现的偏差，以及这些变动与偏差对系统的影响及可能导致的后果，找出出现变动可偏差的原因，明确装置或系统内及生产过程中存在的主要危险、危害因素，并针对变动与偏差的后果提出应采取的措施。

8. 安全文化是指什么？

安全文化是安全理念、安全意识以及在其指导下的各项行为的总称，主要包括安全观念、行为安全、系统安全、工艺安全等。

安全文化主要适用于高技术含量、高风险操作型企业，在能源、电力、化工等行业内重要性尤为突出。所有的事故都是可以防止的，所有安全操作隐患是可以控制的。安全文化的核心是以人为本，这就需要将安全责任落实到企业全员的具体工作中，通过培育员工共同认可的安全价值观和安全行为规范，在企业内部营造自我约束、自主管理和团队管理的安全文化氛围，最终实现持续改善安全业绩、建立安全生产长效机制的目标。

9. 目视化管理是指什么？

目视化管理是利用形象直观而又色彩适宜的各种视觉感知信息来组织现场生产活动，达到提高劳动生产率的一种管理手段，也是一种利用视觉来进行管理的科学方法。

目视化管理是一种以公开化和视觉显示为特征的管理方

式。综合运用管理学、生理学、心理学、社会学等多学科的研究成果。

目视管理的目的：以视觉信号为基本手段，以公开化为基本原则，尽可能地将管理者的要求和意图让大家都看得见，借以推动看得见的管理、自主管理、自我控制。

10. HSE 需求性岗位培训是指什么？

HSE 需求性岗位培训是根据岗位要求所应具备的 HSE 相关知识、技能而为在岗员工安排的培训活动。其目的是提高在岗员工的 HSE 知识和意识，强化在岗员工的 HSE 技能。

HSE 需求性岗位培训的特点是针对性、实用性强，干什么学什么，缺什么补什么；培训环境与工作环境一致，使员工进入角色；就地取材，便于操作；培训对象已具备一定 HSE 理论知识和技能，因此员工之间可以相互交流经验和体会。

11. 应急管理是指什么？

应急管理是指政府及其他公共机构在突发事件的事前预防、事发应对、事中处置和善后管理过程中，通过建立必要的应对机制，采取一系列必要措施，保障公众生命财产安全；促进社会和谐健康发展的有关活动。事故应急管理的内涵，包括预防、预备、响应和恢复四个阶段。

12. 应急救援是指什么？

应急救援一般是指针对突发、具有破坏力的紧急事件采取预防、预备、响应和恢复的活动与计划。应急救援的特点：迅速、准确、有效。

应急救援的基本任务：立即组织营救受害人员，组织撤离或者采取其他措施保护危险危害区域的其他人员；迅速控制事态，并对事故造成的危险、危害进行监测、检测，测定事故的危害区域、危害性质及维护程度；消除危害后果，做好现场恢复；查明事故原因，评估危害程度。

 法律法规

（一）名词解释

1. **道路**：是指公路、城市道路和虽在单位管辖范围但允许社会机动车通行的地方，包括广场、公共停车场等用于公众通行的场所。

2. **国道**：具有全国性政治、经济意义的主要干线公路，包括重要的国际公路、国防公路，连接首都与各省、自治区、直辖市首府的公路，连接各大经济中心、港站枢纽、商品生产基地和战略要地的公路。

3. **省道**：省道又称省级干线公路。在省公路网中，具有全省性的政治、经济、国防意义，并经省、市、自治区统一规划确定为省级干线公路。

4. **县道**：是指具有县、县级市的政治、经济意义的主线干道，连接县城和县内主要乡（镇）等主要地方。

5. **乡道**：即为乡镇道路，一般宽度大约在5m，主要为乡村生产、生活服务并经确定为乡级的公路。

6. **高速公路**：高速公路，简称高速路，是指专供汽车高速行驶的公路。

7. **一级公路**：是中国公路等级中的一种类型，位居高速公路、二级公路之间，广泛用于主干线路的建设。

8. **快速路**：是指双向行车道、中央设有分隔带、进出口全部采用立体交叉控制，为城市中大量、长距离和快速交通服务。

9. **主干路**：是城市道路网的骨架，是连接城市各主要分区的交通干道，是城市内部的主要大动脉。

10. **次干路**：是配合主干路组成城市干道网，起联系各部分和集散交通的作用，并兼有服务的功能。

11. **支路**：是次干路与街坊路的连接线，解决地区交通，以服务功能为主。

12. **路肩**：指的是位于车行道外缘至路基边缘，具有一定宽度的带状部分（包括硬路肩与保护性路肩），为保持车行道的功能和临时停车使用，并作为路面的横向支撑。

13. **路基**：地面上按路线的平面位置和纵坡要求开挖或堆填成一定断面形状的土质或石质结构物，它既是道路这一线形构筑物的主体，又是路面的基础。

14. **安全岛**：是一种安装在斑马线上的安全装置，与斑马线长度相当，两端还各竖有一根"反光警示桩"，夜间在车灯的照耀下会发出亮光，以提醒驾驶员注意避让。

15. **中心岛**：设置在平面交叉口中央的圆形或椭圆形的交通岛，主要起交通渠化、导流作用。

16. **环岛**：环形交通，是交通节点的一种特殊形式，属于平面道路交叉。环形交叉的地段也俗称环岛、转盘等。

17. **加减速车道**：供车辆驶入高速车流之前加速用的车道和供车辆驶离高速车流后减速用的车道，两者合称为变速车道，宽度为 3.5m 或 3.75m。

18. **附加车道**：道路上局部路段增辟专供某种需要使用

的车道。包括错车道、爬坡车道、加减速车道、紧急停车带、避险车道。

19.**辅路**：是指集散快速路交通的道路，设置于快速路两侧或一侧，单向或双向行驶交通。

20.**分隔带**：沿道路纵向设置的分隔车行道用的带状设施。位于道路中线位置的称为中央分隔带，位于道路中心线两侧的称为外侧分隔带。有固定式分隔带和活动式分隔带两种类型。

21.**路内停车场**：指占用城市道路两边指定的地段停放机动车，以作为公众临时性停放车辆的场地。其优点是与道路系统结合紧密，设置方便、灵活，设备简单；弊端是占用大量的道路，车流受阻。

22.**超车视距**：在双车道道路上，后车超越前车时，从开始驶离原车道起至可见对向来车并能超车后安全驶回原车道所需要的最短距离。

23.**行车视距**：指停车视距、超车视距、会车视距和错车视距的总称。

24.**停车视距**：指的是同一车道上，车辆行驶时遇到前方障碍物而必须采取制动停车时所需要最短行车距离。

25.**会车视距**：在同一车道上有对向的车辆行驶，为避免相碰而双双停下所需要的最短距离。

（二）问答

1.国家对上道路行驶的拖拉机如何管理？

《中华人民共和国道路交通安全法》第一百二十一条规定，对上道路行驶的拖拉机，由农业（农业机械）主管部门行使本法第八条、第九条、第十三条、第十九条、第二十三条规定的公安机关交通管理部门的管理职权。农业（农业机械）主管部门依照前款规定行使职权，应当遵守本法有关规定，并接受公安机关交通管理部门的监督；对违反规定的，依照本法有关规定追究法律责任。

2. 关于拖拉机的车辆登记和驾驶证的发放以及审验工作由哪个政府部门负责？

由农业机械农机安全监理机构进行管理。

3. 拖拉机交通违法由哪个政府部门处罚？

拖拉机上道路行驶要服从交通警察的指挥和管理，对于违反道路交通安全法律、法规的行为，由公安机关交通管理部门和农机安全监理机构部门联合依法予以处罚。

4. 拖拉机是否可以从事货运或客运业务？

《中华人民共和国道路交通安全法》第五十五条明确规定：高速公路、大中城市中心城区内的道路，禁止拖拉机通行。其他禁止拖拉机通行的道路，由省、自治区、直辖市人民政府根据当地实际情况规定。在允许拖拉机通行的道路上，拖拉机可以从事货运，但是不得用于载人。

5. 拖拉机驾驶证申领和使用的管理机构是哪些？

根据《拖拉机驾驶证申领和使用规定》，符合申领拖拉机驾驶证条件的人，可以向户籍地或者暂住地农机安全监理机构提出申请，经考试合格后取得驾驶证。

6. 拖拉机驾驶证的分类及准驾机型代号是什么？

（1）大中型拖拉机（发动机功率在 14.7kW 以上），驾驶证准驾机型代号为 G；

（2）小型方向盘式拖拉机（发动机功率不足 14.7kW），驾驶证准驾机型代号为 H；

（3）手扶式拖拉机，驾驶证准驾机型代号为 K；

（4）履带拖拉机，驾驶证准驾机型代号为 L。

7. 拖拉机驾驶证准驾车型规定是什么？

（1）G1 可驾驶：轮式拖拉机；

（2）G2 可驾驶：轮式拖拉机运输组和 G1；

（3）K1 可驾驶：手扶式拖拉机；

（4）K2 可驾驶：手扶式拖拉机运输组和 K1；

（5）L 可驾驶：履带拖拉机。

8. 申请拖拉机驾驶证的人，应当符合哪些条件？

（1）年龄：18 周岁以上，60 周岁以下；

（2）身高：不低于 150cm；

（3）视力：两眼裸视力或者矫正视力达到对数视力表 4.9 以上；

（4）辨色力：无红绿色盲；

（5）听力：两耳分别距音叉 50cm 能辨别声音方向；

（6）上肢：双手拇指健全，每只手其他手指必须有 3 指健全，肢体和手指运动功能正常；

（7）下肢：运动功能正常，下肢不等长度不得大于 5cm；

（8）躯干、颈部：无运动功能障碍。

9. 拖拉机驾驶证如何获得？

申领拖拉机驾驶证，应经过专业培训机构的培训和考试，取得结业证书和培训记录，才能参加农机安全监理机构组织的相关科目的考试。

10. 拖拉机驾驶员考试科目及内容是什么？

科目一：道路交通安全、农业机械安全法律法规和机械常识、操作规程等相关知识考试；

科目二：场地驾驶技能考试；

科目三：道路驾驶技能考试。

11. 拖拉机驾驶员发证机关是哪？

考试合格后，农机安全监理机构将按规定核发相应的驾驶证。

12. 拖拉机驾驶证有效期是多久？

拖拉机驾驶证有效期为6年。

13. 拖拉机驾驶证换证期限是多少？

拖拉机驾驶员应当于驾驶证有效期满前90日内，向驾驶证核发地农机安全监理机构申请换证。

14. 拖拉机驾驶证如何转入换证？

驾驶员户籍迁出驾驶证核发地农机安全监理机构管辖区的或在驾驶证核发地农机安全监理机构管辖区以外居住的，可以向户籍地或居住地农机安全监理机构申请换证。申请换证时应当向驾驶证核发地农机安全监理机构提取档案资料，转送申请换证地农机安全监理机构。

15. 拖拉机驾驶证信息如何变化和证件损毁如何换证？

驾驶证记载驾驶员信息发生变化的或驾驶证损毁无法辨认的，驾驶员应当在30日内到驾驶证核发地农机安全监理机构申请换证。

16. 拖拉机驾驶证如何补证？

拖拉机驾驶证遗失的，驾驶员应当向驾驶证核发地农机安全监理机构申请补发。

17. 拖拉机驾驶证如何审验？

拖拉机、联合收割机驾驶证有效期满换证时，由农机安全监理机构对驾驶证进行审验。

年满60周岁的拖拉机、联合收割机驾驶员，应当每年进行一次身体检查，向农机安全监理机构提交身体条件证明，由农机安全监理机构审验并签注驾驶证。

18. 拖拉机驾驶证累积记分制度是什么？

公安机关交通管理部门对拖拉机驾驶员的道路交通安全违法行为实行累积记分制度，记分周期为12个月。驾驶证累积记分制度，是预防和减少拖拉机驾驶员交通违法行为和道路交通事故发生的一种教育防范措施。

19. 拖拉机驾驶证的注销情形有哪些？

拖拉机驾驶员有下列情形之一的，驾驶证应当予以注销：

（1）死亡的；

（2）身体条件不适合驾驶拖拉机的；

（3）申请注销的；

（4）丧失民事行为能力，监护人提出注销申请的；

（5）超过驾驶证有效期一年以上未换证的；

（6）年龄在60周岁以上，2年内未提交身体条件证明的；

（7）年龄在70周岁以上的；

（8）驾驶证依法被吊销或者驾驶许可依法被撤销的。

20. 拖拉机牌证的使用规定是什么？

拖拉机经农机安全监理机构登记后取得号牌和行驶证，拖拉机还包括登记证书。拖拉机行驶或作业时，应随机携带行驶证，号牌应当按规定悬挂并保持清晰、完整，不得故意遮挡、污损。

21. 拖拉机需要参加年度检验吗？

拖拉机需要参加年度检验，如不参加年度检验或者年度检验不合格的，不得继续使用。

22. 年度检验时间是多久？

领有号牌、行驶证的拖拉机，从注册登记之日起每年需进行 1 次安全技术检验，称之为年度检验。

23. 拖拉机检验分几类？

检验分为初次检验（注册登记检验）、年度检验、临时检验三类。

24. 拖拉机检验的项目有哪些？

根据国家标准《农业机械运行安全技术条件》（GB 16151—2008），拖拉机的安全技术检验项目包括：

（1）唯一性认定：核对、查验发动机、机身（机架、挂车）是否有凿改嫌疑，并核对、查验机型、品牌型号等与相关资料是否一致；

（2）外观检查：检查整机、机架、电器等是否完好；

（3）运转检验：检查发动机、转向系、传动系、制动系等工作是否正常；

（4）通过路试测定行车制动距离和制动稳定性（采用监测台检测的，需测定轴制动率、轴制动不平衡率和整机制动率），评价制动器是否安全可靠；

（5）前照灯性能检验：测定远光的发光强度和近光的照射位置，评价灯光是否符合安全使用的标准和要求；

（6）烟度检验：测定排气的烟度值，用以评价发动机运转状况；

（7）喇叭声级检验：测定喇叭声级，确定喇叭是否安全有效。

25. 伪造、变造、套用牌证的处罚措施有哪些？

伪造、变造或者使用伪造、变造的机动车登记证书、号牌、行驶证、驾驶证的，由公安机关交通管理部门予以收缴，扣留该机动车，处十五日以下拘留，并处二千元以上五千元以下罚款。构成犯罪的，依法追究刑事责任。使用其他车辆的机动车登记证书、号牌、行驶证、检验合格标志、保险标志的，由公安机关交通管理部门予以收缴，扣留该机动车，处二千元以上五千元以下罚款。当事人提供相应的合法证明或者补办相应手续的，应当及时退还机动车。

26. 哪些类型的拖拉机需要购买交强险？

专门从事道路运输的拖拉机组或既可从事道路运输又可进行田间作业的兼用型拖拉机组，必须购买交强险。

27. 拖拉机在哪些情况下必须申请办理变更手续？

（1）变更机身颜色、更换机身（底盘）；

（2）更换发动机的；

（3）拖拉机因质量问题，由制造厂更换整机的。

28. 拖拉机号牌、行驶证丢失或者损毁怎么办？

应到注册登记的农业机械主管部门申请补领、换领拖拉机号牌、行驶证。

29. 拖拉机驾驶证有效期满，需要换证吗？

拖拉机驾驶员应当于驾驶证有效期满前90日内，向驾驶证核发地农业机械主管部门申请换证。

申请换证时应当提交以下证明、凭证：

（1）拖拉机驾驶员的身份证明及其复印件；

（2）拖拉机驾驶证；

（3）社区乡镇卫生院级以上医疗机构出具的身体条件的证明。

30. 拖拉机驾驶员信息变更，需要换证吗？

有下列情形之一的，驾驶员应当在30日内到驾驶证核发地农业机械主管部门申请换证。

(1) 驾驶员姓名、住址等信息发生变化的；

(2) 驾驶证损毁无法辨认的。

31. 描述图中交警手势代表的含义？

(1)

直行信号：示意准许右（左）方直行的车辆通行。

动作：右臂向右平伸与身体成 90°（左臂向左平伸与身体成 90°），掌心向前，五指并拢，面部及目光同时转向左（右）方 45°。

(2)

直行信号：示意准许右方直行的车辆通行。

动作：右大臂不动，右小臂水平向右摆动与身体成 90°，掌心向左，五指并拢；右臂水平向左摆动与身体成 90°，小臂弯曲至与大臂成 90°，掌心向内与左胸衣兜相对，小臂与前胸平行，面部及目光同时转向左方45°。

（3）

停止信号：示意不准前方车辆通行。

动作：左臂由前向上直伸与身体成135°，掌心向前与身体平行，五指并拢，面部及目光平视前方。左臂垂直放下，恢复立正姿势。

（4）

停止信号：示意靠边停车。

动作：面向来车方向，右臂前伸与身体成45°，掌心向左，五指并拢，面部及目光平视前方。左臂由前向上直伸与身体成135°，掌心向前与身体平行，五指并拢。右臂向左水平摆动与身体成45°。

(5)

左转弯信号：示意准许车辆左转弯，在不妨碍被放行车辆通行的情况下可以调头。

动作：右臂向前平伸与身体成90°，掌心向前手掌与手臂夹角不低于60°，五指并拢，面部及目光同时转向左方45°。

(6)

右转弯信号：示意准许右方的车辆右转弯；在不妨碍被放行车辆通行的情况下可以调头。

动作：左臂向前平伸与身体成90°，掌心向前，手掌与手臂夹角不低于60°，五指并拢，面部及目光同时转向右方45°；右臂与手掌平直向左前方摆动，手臂与身体成

45°,手掌向左,中指尖至上衣中缝,高度至上衣最下一个纽扣;右臂回位至不超过裤缝,面部及目光保持目视右方45°,完成摆动。

(7)

左转弯待转信号:示意准许左方左转弯的车辆进入路口,沿左转弯行驶方向靠近路口中心,等候左转弯信号。

动作:左臂向左平伸与身体成45°,掌心向下,五指并拢,面部及目光同时转向左方45°;左臂与手掌平直向下方摆动,手臂与身体成15°,面部及目光保持目视左方45°,完成摆动。

(8)

车辆靠边停车信号:示意车辆靠边停车。

动作:面向来车方向,右臂前伸与身体成45°,掌心向左,五指并拢,面部及目光平视前方;如:加上左臂由前向上直伸与身体成135°,掌心向前与身体平行,五指并拢,右臂向左水平摆动与身体成45°,摆动。

(9)

减速慢行信号:示意车辆减速慢行。

动作:右臂向右前方平伸,与肩平行,与身体成135°,掌心向下,五指并拢,面部及目光同时转向右方45°;右臂与手掌平直向下方摆动,手臂与身体成45°,面部及目光保持目视右方45°,完成摆动。

(10)

前车避让后车信号:示意前车避让后车。

动作:右手手指指向前方,掌心向上,小臂向上向后来回摆置垂直90°;左手手臂向前伸直,手心向下,手背向后抬至 45°。

32. 新增图解表示含义？

（1）

交通事故管理标志：专用的荧光粉红色底板、警告前方正进行事故管理。

（2）

电动自行车相关标志：电动自行车行驶和专用车道标志，表示仅供电动自行车行驶。

（3）

禁止电动自行车进入标志。

（4）

注意电动自行车标志：提醒注意电动车出现。

（5）

小型客车车道标志：表示仅供小型客车通行。

（6）

非机动车推行标志：设在天桥等禁止骑行路段。
(7)

有轨电车专用车道标志：表示仅供有轨电车通行。
(8)

开车灯标志：设在隧道等路段前方。
(9)

带荧光黄绿边框的人行横道标志：进一步提高斑马线上的安全性。

(10)

非机动车与行人通行标志：表示仅供非机动车与行人通行。

(11)

路段开始

即将结束

路段结束

硬路肩允许行驶标志：表示该路段硬路肩允许车辆通行。

(12)

带文字说明的单行路标志：极大地提高单行路标志的辨识度。

（13）

电动拖拉机充电相关标志：充电站识别标志充电停车位标志，表示仅允许电动拖拉机充电时停放。

（14）

靠右侧车道行驶标志：表示除必要超车行为外应靠右行驶，应加辅助标志说明车型。

（15）

货车通行标志：表示货车应在该道路上行驶；其他车辆也可在该道路上行驶。

(16)

注意积水标志：设在下穿道路等易积水路段。

(17)

由指路标志调整为警告标志：注意车道数变少标志，指路标志调整为警告标志。

(18)

线形诱导标志：由指路标志调整为警告标志。

33. 制定《道路交通安全法》的目的是什么？

为了维护道路交通秩序，预防和减少交通事故，保护人身安全，保护公民、法人和其他组织的财产安全及其他合法权益，提高通行效率。

34.《道路交通安全法》的适用范围是什么？

第二条规定"中华人民共和国境内的车辆驾驶员、行人、乘车人以及与道路交通活动有关的单位和个人，都应当遵守本法。"

35.拖拉机通过没有交通信号灯控制也没有交通警察指挥的交叉路口，相对方向行驶的右转弯和左转弯的拖拉机，哪方车辆应该让行？

右转车辆让左转车辆先行。

36.拖拉机行经人行横道时，应当减速行驶；遇行人正在通过人行横道，应当怎么做？

停车让行。

37.哪些人不得驾驶拖拉机？

饮酒、服用国家管制的精神药品或者麻醉药品，或者患有妨碍安全驾驶拖拉机的疾病，证照资质不符或者过度疲劳影响安全驾驶的人。

38.交通信号灯由哪些灯组成？分别表示什么意思？

交通信号灯由红灯、绿灯、黄灯组成。红灯表示禁止通行，绿灯表示准许通行，黄灯表示警示。

39.在道路上发生有人员伤亡交通事故后，驾驶员应该如何处置？

（1）立即停车，放置警示标志，保护现场；

（2）立即抢救受伤人员，必要时拨打急救电话；

（3）立刻拨打事故报警电话同时上报单位管理部门。

40.对道路交通安全违法行为的处罚种类有哪些？

《道路交通安全法》释义第八十八条对道路交通安全违

法行为的处罚种类包括：警告、罚款、暂扣或者吊销机动车驾驶证、拘留。

41. 公安机关交通管理部门在哪些情况下可以实行交通管制？

遇有自然灾害、恶劣气候条件或者重大交通事故等严重影响交通安全的情形，采取其他措施难以保证交通安全时，可以实行交通管制。

42. 拖拉机在什么情况下不准掉头？

在有禁止掉头或者禁止左转弯标志、标线的地点以及在铁路道口、人行横道、桥梁、急弯、陡坡、隧道或者容易发生危险的路段不得掉头。

43. 拖拉机行经人行横道时应当采取什么措施？

应当减速行驶；遇行人正在通过人行横道，应当停车让行。

44. 道路交通信号包括哪些内容？

交通信号灯、交通标志、交通标线和交通警察的指挥。

45. 道路交通三要素是什么？

一是人（包括行人、乘车人、骑车人、驾车人）；二是车（包括机动车、非机动车）；三是路（包括公路、城镇街道、胡同、里巷）。

46. 拖拉机行驶中遇有前方车辆停车排队或者行驶缓慢时应遵守哪些规定？

不得借道超车或者占用对面车道，不得穿插等候的车辆，应当依次排队，交替通行。

第三部分
基本技能

 操作技能

（一）拖拉机直角倒车侧向移库驾驶训练

1. 图形

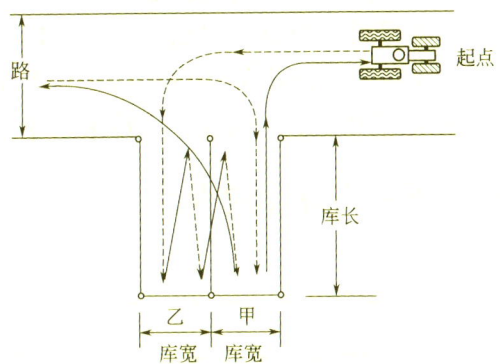

2. 尺寸

（1）起点：距甲库外边线 1.5 倍机长；

（2）路宽：机长的 1.5 倍；

（3）库长：机长的 2 倍；

（4）库宽：大中型拖拉机为机宽加 60cm，小型拖拉机为机宽加 50cm。

063

3. 操作要求

（1）必须穿戴好劳保用品；

（2）采用单机进行，从起点倒车入乙库停正，然后两进两退移位到甲库停正，前进穿过乙库至路上，倒入甲库停正，前进返回起点；

（3）行驶过程中驾驶员头、手不许伸出窗外，不得使用半联动，中途不能停车，不能原地打方向，不许擦杆、碰杆并且车轮不得压线、越线；

（4）安全文明驾驶。

4. 训练目的

（1）对拖拉机前、后、左、右空间位置的判断能力；

（2）对拖拉机基本驾驶技能的掌握情况；

（3）直角倒车侧向移库是拖拉机驾驶员的一项基本操作技能，通过该项目可考核拖拉机驾驶员的移库驾驶基本功与驾驶操作的控车技巧，从中能衡量拖拉机驾驶员的基本驾驶操作技能和小范围内移动车辆的操作技术水平。

（二）拖拉机场地绕桩驾驶训练

1. 图形

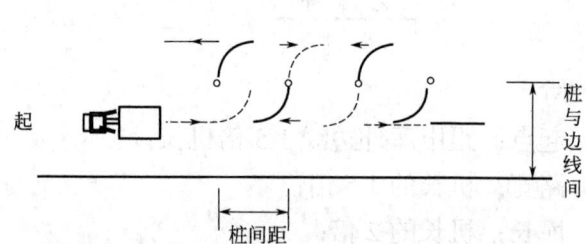

2. 尺寸

（1）桩间距：机长加 40cm；

(2) 桩与边线间距：机宽加 30cm。

3. 操作要求

(1) 必须穿戴好劳保用品；

(2) 拖拉机连接挂车进行，按考试图规定的路线行驶，从起点按虚线绕桩倒车行驶，再按实线绕桩前进驶出；

(3) 行驶过程中驾驶员头、手不许伸出窗外，不得使用半联动，中途不能停车，不许擦杆、碰杆并且车轮不得压线、越线；

(4) 安全文明驾驶。

4. 训练目的

(1) 在规定场地内，按照规定的行驶路线和操作要求完成驾驶拖拉机的情况；

(2) 对拖拉机前、后、左、右空间位置的判断能力；

(3) 对拖拉机基本驾驶技能的掌握情况。

（三）拖拉机挂接设备训练

1. 图形

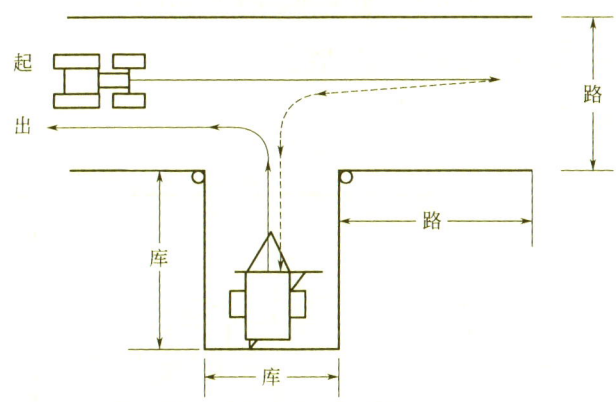

2. 图形尺寸

(1) 路长：机长的 1.5 倍；

(2) 路宽：机长的 1.5 倍；

(3) 库长：机长加农具长加 30cm；

(4) 库宽：机宽加 60cm。

3. 操作要求

(1) 必须穿戴好劳保用品；

(2) 采用实物挂接或者设置挂接点的方法进行，从起点前进，一次完成倒进机库，允许再 1 进 1 倒挂上农具；

(3) 行驶过程中驾驶员头、手不许伸出窗外，不得使用半联动，中途不能停车，不许擦杆、碰杆并且车轮不得压线、越线；

(4) 安全文明驾驶。

4. 训练目的

(1) 在规定的机库内，按照规定的行驶路线和操作要求完成进库挂接农具的情况；

(2) 对拖拉机悬挂点和拖车挂接点前、后、左、右空间位置的判断能力；

(3) 对拖拉机基本驾驶技能的掌握情况。

（四）拖拉机场地作业训练

1. 图形

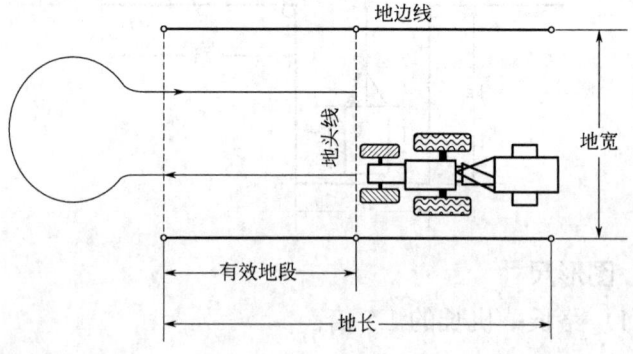

2. 尺寸

（1）地宽：机宽的 3 倍；

（2）地长：方向盘式拖拉机为 60m；

（3）有效地段：方向盘式拖拉机为 50m；

（4）作业区为起伏不平整模拟野外工况场地。

3. 操作要求

（1）必须穿戴好劳保用品；

（2）采用拖拉机悬挂（牵引）设备实地作业进行，用正常作业挡，从起点驶入作业区，直线行驶，回程；

（3）行驶过程中驾驶员头、手不许伸出窗外，不得使用半联动，中途不能停车，不许擦杆、碰杆并且车轮不得压线、越线；

（4）安全文明驾驶。

4. 训练目的

（1）模拟野外实际环境行驶操作；

（2）对拖拉机场地环境评估，掉头靠行作业的掌握情况；

（3）对拖拉机回程行驶偏差的掌握情况。

（五）拖拉机限时公路掉头训练

1. 图形

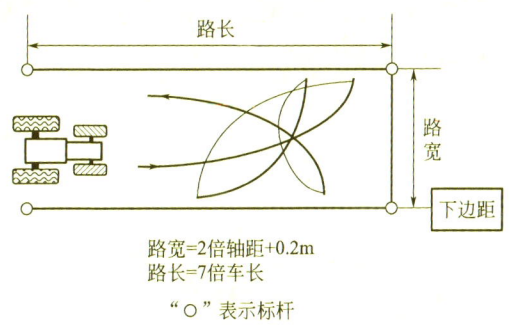

路宽=2倍轴距+0.2m
路长=7倍车长

"○"表示标杆

限时公路调头场地及路线示意图

2. 操作要求

（1）必须穿戴好劳保用品；

（2）车辆行驶至掉头路段靠右停车；不超过3进、2退，将车辆掉头；

（3）时间不超过2min；

（4）窄路掉头时，由于各车轮与路边线距离不相等，所以，判断时应以先接近路边线的车轮为准；

（5）在每次前进或后倒接近停车前的一瞬间，应迅速地朝着预定的方向回转方向盘，为接着要进行的后倒或前进做好转向准备，使每次前进或后倒完成的转向角度更大一些；

（6）行驶过程中驾驶员头、手不许伸出窗外，不得使用半联动，中途不能停车，不能原地打方向，车轮不得压线、越线；

（7）安全文明驾驶。

3. 训练目的

限时公路掉头是驾驶操作中一项常规驾驶技能，主要检验拖拉机驾驶员在公路上，对拖拉机轴距、转向轮的准确定位与判断的能力，通过该项目可检测拖拉机驾驶员的驾驶操作技能和心智配合技能实际能力，以及应用驾驶基本技能解决实际驾驶操作中复杂情况。

(六)单"S"形路线行驶训练

1. 图形

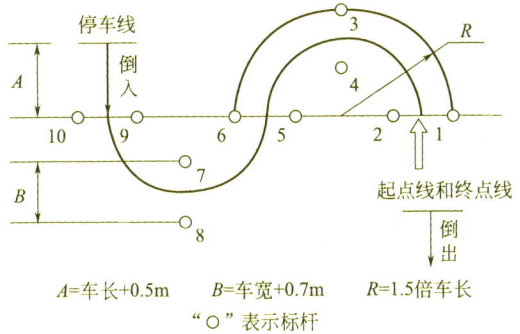

A=车长+0.5m　　B=车宽+0.7m　　R=1.5倍车长
"○"表示标杆

2. 操作要求

(1) 必须穿戴好劳保用品；

(2) 要求用一挡起步,二挡（含二挡）以上挡位车速通过,车轮轨迹不得碰、擦路障,并且车轮不得压线、越线；

(3) 车辆正进驾驶到停车线,停稳车辆后,倒车再次驶入"S"形场地,直至车辆完全驶出(正进倒出)；

(4) 行驶过程中驾驶员头、手不许伸出窗外,不得使用半联动,中途不能停车；

(5) 安全文明驾驶。

3. 训练目的

单"S"形路线驾驶是拖拉机驾驶操作中常见的一种基本操作技能,通过该项目可对拖拉机驾驶员的车辆控制基本功和驾驶配合能力,能够检验拖拉机驾驶员的驾驶操作技能和驾驶配合技术水平,考核驾驶员方向的运用与对车轮轨迹执行的掌握。

（七）拖拉机牵挂设备"S"形路线行驶训练

1.图形

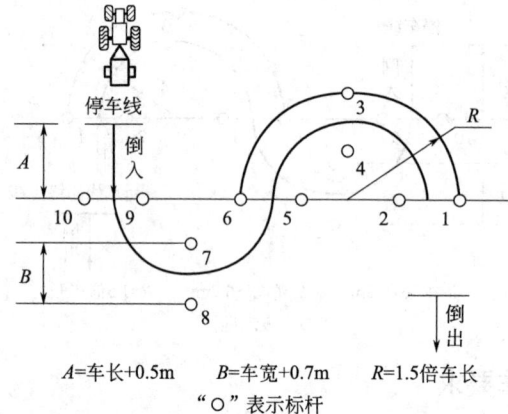

A=车长+0.5m　　B=车宽+0.7m　　R=1.5倍车长
"○"表示标杆

2.操作要求

（1）必须穿戴好劳保用品；

（2）要求牵挂设备用一挡起步，二挡（含二挡）以上挡位车速通过，车轮轨迹不得擦、碰标志杆，并且不得压线、越线；

（3）车辆牵挂设备正进驾驶到停车线，停稳车辆后，倒车再次驶入"S"形场地，直至车辆完全驶出（正进倒出）；

（4）行驶过程中驾驶员头、手不许伸出窗外，不得使用半联动，中途不能停车；

（5）安全文明驾驶。

3.训练目的

牵挂设备"S"形路线驾驶是拖拉机驾驶操作中常见的一种基本操作技能，通过该项目可对拖拉机驾驶员的车辆控制基本功和驾驶配合能力，能够检验拖拉机驾驶员的驾驶操作技能和驾驶配合技术水平,考核驾驶员方向的运用与对车轮轨迹执行的掌握。

(八) 牵挂设备"8"字形路线驾驶训练

1. 图形

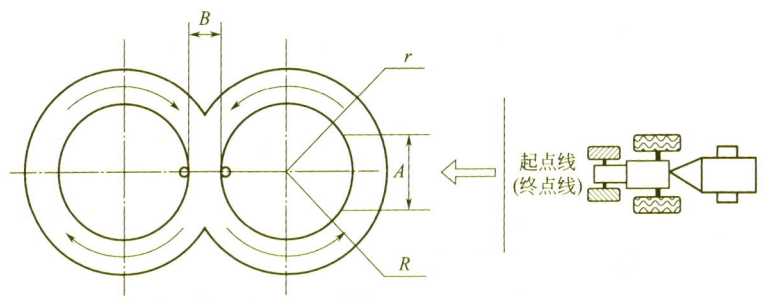

r=2倍车长-车宽-1.0m;R=2倍车长;A=4倍车宽;B=车宽+0.6m;"○"表示标杆

2. 操作要求

(1) 必须穿戴好劳保用品;

(2) 要求牵挂设备用一挡起步,二挡(含二挡)以上挡位车速通过,车轮轨迹不得擦、碰标志杆,并且不得压线、越线;

(3) 行驶过程中驾驶员头、手不许伸出窗外,不得使用半联动,中途不能停车;

(4) 安全文明驾驶。

3. 训练目的

"8"字形路线驾驶是拖拉机驾驶员的一项非常规操作技能,通过该项目能够检测考核拖拉机驾驶员的驾驶操作基本功和行车路线变换判断能力,能锻炼驾驶员连续弯道对车辆控制精准度，能够提升驾驶员对驾驶操作技能和车辆控制技术水平。

（九）蛇形曲线驾驶训练

1. 图形

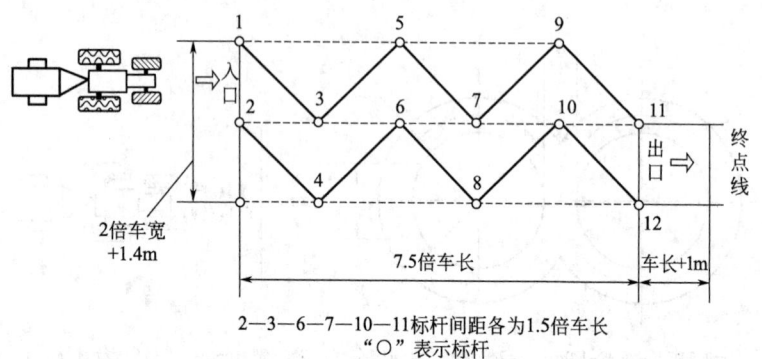

2—3—6—7—10—11标杆间距各为1.5倍车长
"〇"表示标杆

2. 操作要求

（1）必须穿戴好劳保用品；

（2）驾驶车辆起步、行车、停车平稳；

（3）操作过程中车速均匀，转向柔和，行驶轨迹圆顺；

（4）换挡及时、配合协调，正确使用离合器；

（5）行驶过程中驾驶员头、手不许伸出窗外，不得使用半联动，中途不能停车，不许擦杆、碰杆并且车轮不得压线、越线；

（6）安全文明驾驶。

3. 训练目的

蛇形曲线驾驶是拖拉机驾驶员的一项非常规操作技能，通过该项目能够检测考核拖拉机驾驶员的驾驶操作基本功和行车路线变换判断能力，能锻炼驾驶员连续弯道对车辆控制精准度,能够提升驾驶员对驾驶操作技能和车辆控制技术水平,通过连续障碍时,对各车轮行驶轨迹和内轮差位置的判断能力。

(十) 直角调头驾驶训练

1. 图形

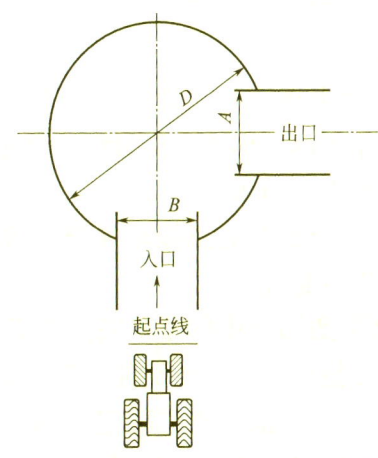

A(B)= 车宽 +0.6m,D=1.8 倍的车距

2. 操作要求

(1) 必须穿戴好劳保用品;

(2) 按照规定的路线范围驾驶车辆(拖拉机由入口处进入圆形场地,经三进两退完成直角调头,再从出口处驶出,车辆行驶在圆圈内,前后轮胎不准压线、越线);

(3) 行驶过程中驾驶员头、手不许伸出窗外,不得使用半联动,不能原地打方向,中途不能停车。

3. 训练目的

驾驶员的一项综合操作技能,通过该项目可考核拖拉机驾驶员的移库驾驶基本功与驾驶操作的控车技巧,从中能测量拖拉机驾驶员的基本驾驶操作技能和小范围内移动车辆的操作技术水平。

(十一)履带拖拉机上下拖车训练

1. 操作要求

(1)拖拉机上下拖车必须用1挡操作,选在坚硬平整路面上进行,拖车尾部、梯子、防滑铁齐全完好、拖板上整洁干净,否则不准上下拖车;

(2)拖拉机履带没有对正拖车梯子、驾驶员不能冒险违章操作,防止发生意外;

(3)拖拉机爬到梯子中间或最高点时驾驶员不能踩刹车、拉转向,防止拖拉机侧翻或倒翻,造成事故;

(4)拖车转运时,拖拉机驾驶室内不能坐人,长途转运时,如有必要可以对车体进行捆绑,若位置有移动,立即停车整改;

(5)冬季转运时,拖拉机驾驶员应随时要求拖车驾驶员中途停车,检查拖拉机是否稳固,禁止冰面上下拖车;

(6)拖拉机到达施工现场或回到车场后,驾驶员应对拖拉机进行检查,无问题后投入生产或停放。

2. 训练目的

履带拖拉机上下拖车训练的目的是规范拖拉机驾驶员正确标准操作行为,提升拖拉机周转运输安全系数,提升驾驶员对车辆俯仰角度、侧倾、溜车的感知度,提高应对突发情况的应对能力及驾驶技能。

(十二) 更换轮胎训练

1. 使用的主要器材

序号	名称	型号与规格	单位	数量	备注
1	千斤顶		个	4	
2	轮胎扳手	与车型匹配	把	4	
3	扭力扳手	自选	把	4	
4	拆装工具	与车型匹配	套	4	
5	挡块		个	12	
6	轮胎气压表	自选	块	4	
7	棉丝			若干	
8	轮胎花纹测量尺	自选	把	4	
9	灭火器	干粉	个	6	
10	肥皂水		瓶	4	
11	计时器	自选	块	4	
12	停车警示标志	标准型	块	6	

2. 操作细则

(1) 必须穿戴好劳保用品；

(2) 取来备用轮胎后要检查备胎有无损伤，检查备胎气压，检查备胎气门嘴的密封性，检查备胎的花纹深度；

(3) 从货车上拆下左后轮外侧轮胎前，要先用轮胎扳手拧松左后轮外胎的轮胎螺母、用千斤顶顶起后轮、然后从货车上拆下左后轮轮胎；

(4) 将备胎安装到货车的左后轮外侧时，先预紧轮胎螺母，然后降下千斤顶使车轮落位，最后按对角线的顺序，紧固轮胎螺母到规定力矩。

3. 操作流程

（1）拖拉机驾驶员检查车辆周围安全情况并在车辆前后设立停车警示标志；

（2）检查左后轮外侧轮胎气压及损伤；

（3）在其余前后轮下安装制动楔块；

（4）取来备用轮胎；

（5）从货车上拆下左后轮外侧轮胎；

（6）将备胎安装到货车的左后轮外侧；

（7）将换下的轮胎收好；

（8）擦拭工具、设备，整理工位。

拖拉机常见故障判断与处理

1. 高压油管磨损漏油故障

拖拉机高压油管两端的凸头与喷油器、出油阀接连处出现磨损漏油现象，可从废气缸垫上剪下一圆形铜皮，中间扎一小孔磨滑，垫在凹坑之间便可解燃眉之急。

2. 变速后自由跳挡故障

拖拉机运行中，变速后出现自由跳挡现象，主要是拨叉轴槽磨损、拨叉弹簧变软、连杆接头部分间隙过大所致。此时应采用修复定位槽、更换拨叉弹簧、缩小连杆接头间隙，挂挡到位后便可确保正常变速。

3. 方向盘震抖、前轮摆头故障

出现方向盘震抖和前轮摆头现象，主要是前轮定位不当，主销后倾角过小所致。在没有仪器检测的情况下，应试着在钢板弹簧与前轴支座平面后端加塞楔形铁片，使前轴后转,再加大主销后倾角,试运行后即可恢复正常。

4. 突发性供油不足故障

拖拉机运行中出现供油不足,排出空气更换柱塞、喷油嘴后仍不见效,那就是喷油器的喷油针顶杆内小钢球偏磨使喷油不能雾化所致。

5. 液压油管疲劳折损故障

液压油管由于油压变化频繁和油温高,致使管壁张弛频繁,极易出现疲劳折损酿成事故。

6. 机油泵性能差的故障

为解决大修或检修后的机车初次启动机油泵泵不上来油的问题,应将机油滤清器或出油管卸掉,然后用注油器从机体出油孔注满机油,即刻上好滤清器或通向机油指示器的机油管,启动后,机油就会泵上来。

7. 拖拉机冒蓝烟故障

拖拉机冒蓝烟主要是因为烧机油。原因:油底壳油面或油浴式空滤器油盆油面过高;活塞环边间隙过大;气门挺杆与气门导管间隙大;气门油封老化损坏;缸套与活塞配合间隙大等。

8. 气缸盖、机体裂纹

故障现象:发动机工作时,排气管冒白烟,严重时有排水现象;水箱内水量减少;过快或产生气泡;曲轴箱内油面升高;柴油机运转不稳定,声音不正常。

故障原因:水箱无水、柴油机过热的情况下突然加冷水,造成缸盖、缸体炸裂;冬天停车后未放净冷却水,水腔内结冰引起破裂;水腔内水垢过厚,使缸体或缸盖局部高温产生裂纹;柴油机启动后,未经暖车立即增大负荷,使缸盖、机体各部位受热严重不均而破裂。

9. 烧瓦抱轴

故障现象：轴瓦与轴颈抱死，柴油机运转费力，冒黑烟，能嗅到油焦味，严重时会自行灭火；停车后曲轴转不动。

故障原因：机油压力过低、油量不足、机油变质过脏等原因使轴瓦润滑不良产生过热而熔化；轴瓦与轴颈间的间隙过大或过小及轴颈偏磨，使摩擦表面不能形成油膜而烧瓦；柴油机长时间超负荷运转。

10. 气缸垫烧坏

故障现象：水箱中有大量气泡，水面有油花；油底壳中机油油面增高，油尺上有水珠，严重时排气管向外排水。

故障原因：缸套凸肩平面高出机体平面过多或高度不够，缸垫密封不严，使缸垫被热水或燃气烧蚀；气缸盖螺栓紧固力矩不够，或紧固程度不同，使螺母松动或缸盖变形；气缸盖与机体结合面变形或存在缸陷，不能均匀压紧气缸垫，造成漏水、漏气；气缸垫质量不好、厚薄不均，或柴油机经常过热，缸垫长期受高温作用而逐渐失去弹性，使密封不良。

11. 敲缸

故障现象：活塞与气缸套严重磨损，配合间隙增大，压缩压力不足。

故障原因：空气滤清器损坏或接合面密封不严，使灰尘、杂质进入气缸加速磨损；锥形环和扭曲环装反、油度壳机油过多等造成大量机油进入燃烧室形成积炭，加速零件磨损；气缸套安装不正、连杆扭曲变形等引起偏磨。

12. 气缸压缩压力不足

故障现象：冷车启动困难、功率下降，严重时排气管冒黑烟。

故障原因：压缩室高度（活塞位于上止点时，活塞顶平面与缸盖之间的距离）过大，压缩终了的温度达不到柴油的自燃温度，使柴油机启动困难；气门与气门座密封不严，造成气门漏气；活塞环磨损过大或开口未错开，使密封作用下降；活塞与气缸套磨损，配合间隙过大；气缸垫损坏漏气。

13. 每次作业后的日常保养

（1）清除拖拉机上的尘土和油污；

（2）检查并紧固拖拉机外部各紧固件，发现松动应及时拧紧，尤其是前、后轮的紧固螺母；

（3）检查发动机油底壳、水箱、燃油箱、液压转向油箱、行驶制动器油箱、液压提升器的液面高度，不足时添加。检查油底壳液面时，须将拖拉机停放在水平的地面上，在发动机停止工作 15min 后进行；

（4）加注润滑脂；

（5）检查前、后轮胎气压，不足时按规定充气；

（6）检查调整主、副离合器和行驶制动器踏板的自由行程；

（7）检查拖拉机有无漏气、漏油、漏水等现象，如有"三漏"应排除。

14. 拖拉机的一级保养的内容

（1）清洗燃油箱和加油滤网，用干净煤油或柴油清洗机油滤清器和滤芯，如纸滤芯有破裂或端盖松脱，应予以更换；

（2）清理空气滤清器，用毛刷清除粗滤器上的灰尘，用煤油清洗铁丝滤芯，更换机油；

（3）检查并调整气门间隙，并在气门摇臂各工作表面添加机油和黄油；

（4）检查离合器分离间隙，必要时予以调整，在离合器分离轴承处加注黄油，打开过桥左侧检视窗口，用黄油枪从分离轴承座上的黄油嘴打入黄油。

15. 拖拉机的二级保养的内容

（1）清洗柴油箱，燃油管路，液压油箱和液压系统管路；

（2）清洗喷油嘴，清除积碳并检查喷油情况，校准喷油压力；

（3）清洗曲轴箱，更换新机油；

（4）检查气门与气门座的密封性，如发现麻点、烧毁等缺陷，将研磨砂涂在气门或者气门座的密封线上，仔细研磨后清洗吹干，并可用柴油注入进排气导管中，查看气门密封环带有无渗漏来检验气门密封是否良好；

（5）拆下曲轴，清洗连杆颈内脏，并冲洗油道。清洗正时齿轮室盖及凸轮总成。更换变速箱中润滑油，并用柴油清洗变速箱；

（6）检查导向轮轴承轴向间隙，必要时候调整，并加滴黄油；检查并调整前轮前束和方向盘空转角度；清洗离合器从动盘及前轴承；用汽油或肥皂水清洗制动蹄摩擦片；往发动机轴承处补加润滑剂。

16. 拖拉机的三级保养的内容

（1）清洗水箱、散热器管道之间的灰尘和冷却系统内部的水垢；

（2）清除气缸盖、活塞等处积碳，并用柴油清洗干净；

（3）检查主轴承瓦及连杆瓦座腐蚀情况，超过使用极限时，应予以更换；

（4）检查凸轮轴、推杆、摇臂磨损情况，必要时予以更换；

（5）检查空气、柴油和机油滤清器的滤芯，根据积污情况，必要时进行更换；

（6）检查变速箱内齿轮的啮合和轮轴的磨损情况，必要时候调整间隙或更换零件。

17. 运行中发动机温度突然过高

原因分析：如果车辆在运行过程中，冷却液温度表指示很快到达100℃的位置，或在冷车发动时，发动机冷却液温度迅速升高至沸腾，在补足冷却液后转为正常，但发动机功率明显下降，说明发动机机械系统出现故障。导致这类故障的原因大多是：冷却系严重漏水；隔绝水套与气缸的气缸垫被冲坏；节温器主阀门脱落；风扇传动带松脱或断裂；水泵轴与叶轮松脱；风扇离合器工作不良。

18. 在松合离合器时有些抖动

（1）离合器抖动；

（2）主动盘和从动盘之间压力分布不均匀；

（3）阻尼弹簧的弹性减弱；

（4）离合器衬片接触不良；

（5）从动盘翘曲、歪斜、变形；

（6）零件松动或严重脱落；

（7）发动机飞轮固定螺栓松动和离合器总成固定螺栓松动；

（8）从动盘载锄钉断裂或松动。

19. 转向时沉重费力

原因分析：原因有转向系各部位的滚动轴承及滑动轴承过紧，轴承润滑不良；转向纵拉杆、横拉杆的球头销调得过紧或者缺油；转向轴及套管弯曲，造成卡滞；前轮前束调整不当；前桥或车架弯曲、变形。另外转向轮轮胎亏气也会造成转向沉重。

20. 踩制动踏板时有轻微的"漏气"声音

原因分析：这是真空助力器发出的声响。真空制动增压器的工作原理是利用发动机工作时产生的负压与大气压之间的压力差来迫使增压器内橡胶膜片移动，推动制动主缸的活塞，以此来减轻驾驶者踩制动踏板的力。在不踩制动踏板时，发动机进气歧管的负压被引入膜片的两边空腔，压力平衡，所以增压器不工作，当踩制动踏板时，增压器橡胶膜片空腔的真空孔关闭，同时打开空气孔让外界空气进入，由于腔内的气压大于另一腔的气压，迫使橡胶膜片移动并带动制动主缸活塞移动，从而起到增压作用。

21. 转向灯点亮时闪烁的频率比平时快

原因分析：当搬动转向灯的手柄后，仪表盘上的转向显示灯闪动的频率比平时快。一般都是由于一侧的转向灯泡坏掉后，由于线路的电阻发生变化所造成的。

 应急救援

1. 意外交通事故现场救援处置措施

（1）遇到道路交通事故，不要惊慌失措，要保持冷静，利用电话拨打122交通事故报警电话（高速公路发生交通事故应拨打12122），及时向本单位部门主管领导报告事故情况。

（2）报警时要说清发生交通事故的时间、地点及事故的大致情况；在交通警察到来前，要保护好现场，不要移动现场物品；遇到肇事车逃逸时，要记下车牌号码、车身颜色及特征，及时向当地公安机关举报，为侦破工作提供依据和线索。

（3）机动车在高速公路上发生故障或交通事故时，应在故障车来车方向 150m 以外设置警告标志，车上人员应迅速转移到右侧路肩上或应急车道内，并迅速报警。

（4）遇有人身伤害事故时，在无人救助的情况下，要尽可能将伤者移至安全地带，以免再次受伤；暴露的伤口要尽可能先用干净布覆盖，再进行包扎，以保护好伤口；利用身边现有的材料如三角巾、手绢、布条折成条状缠绕在伤口上方，用力勒紧，可以起止血作用。若伤情严重时拨打 120 急救中心电话。

（5）及时抢救伤员，根据伤情采取不同的急救措施：

① 外伤急救措施：包扎止血；

② 内伤急救措施：平躺，抬高下肢，保持温暖，速送医院救治；

③ 骨折急救措施：肢体骨折采取夹板固定。颈椎、腰椎损伤采取平卧、固定措施；

④ 搬动时应数人合作，保持平稳，不能扭曲；

⑤ 颅脑外伤急救措施：平卧，保持气道畅通，防止呕吐物造成窒息。

2. 警示标志摆放

车内人员应到车祸前方至少 500m 外的安全地带等待救援，疏散者则应在护栏外朝车祸后方走至少 150m（成年人走 200 步的距离），摆放警示标志。如果车上没有三角牌警示牌，应找一些颜色鲜艳的物品如塑料桶、树枝等替代，但不可用石头。

3. 拖拉机撞击后被卡车内如何处置

如车门打不开,可尝试按下车窗找机会逃离;如伤势严重出血量大,可用力按压出血点止血,若事故严重时快速拨打120急救中心电话或救援电话。

4. 拖拉机撞击后失火如何处置

驾驶员应立即熄火停车,切断油路、电源,让车内人员有秩序下车,先期可用车载灭火器进行处置,若车辆碰撞变形,车门无法打开,可从前后挡风玻璃或车窗处脱身。万一身上着火,可下车后倒地滚动,边滚边脱衣服。切记不要张嘴深呼吸或高声呼喊,以免烟火灼伤上呼吸道。若事故严重时快速拨打120急救中心电话或救援电话。

5. 拖拉机撞击后落水如何处置

先深呼吸再开车门,若水较浅,未全部淹没车辆,设法从门窗处离开车辆;若水较深,不急于打开车门与车窗玻璃,此时车厢内氧气可供驾驶员和乘客维持几分钟。车内人员将头部伸入水面,迅速用力推开车门或玻璃,再浮出水面。若事故严重时快速拨打120急救中心电话或救援电话。

参考文献

[1] 中华人民共和国国家质量监督检验检疫总局，中国国家标准化管理委员会.农业机械运行安全技术条件.北京：中国标准出版社，2009.